팔순 바이크

만리장성을 넘다 (하)

신 열하일기

제가 하는 여행은 도전의 연속입니다.
여행 자체를 도전의 과정이라 생각하여보면
어떠한 시련도 맞닥뜨려
정면으로 부딪쳐 보는 도전을 즐기다 보면
자연적으로 여행(旅行)을 즐기게 됩니다.

어떤 짐을 지고 가야 하고
어떤 짐을 남겨 놓고 가야 하는지
그 짐이 또 어떤 질과 양으로 변화가 될 것인가를
전능하신 절대자에게 물어보고 가야 됩니다.

팔순 바이크 만리장성을 넘다 (하) – 신 열하일기

초 판 1쇄 2022년 08월 30일

지은이 이용태 김성식
펴낸이 류종렬

펴낸곳 미다스북스
총괄실장 명상완
책임편집 이다경
책임진행 김가영, 신은서, 임종익, 박유진

등록 2001년 3월 21일 제2001-000040호
주소 서울시 마포구 양화로 133 서교타워 711호
전화 02) 322-7802~3
팩스 02) 6007-1845
블로그 http://blog.naver.com/midasbooks
전자주소 midasbooks@hanmail.net
페이스북 https://www.facebook.com/midasbooks425
인스타그램 https://www.instagram.com/midasbooks

© 이용태, 김성식, 미다스북스 2022, *Printed in Korea*.

ISBN 979-11-6910-061-8 03980

값 18,500원

80's Bike GREAT-WALL Travel

팔순 바이크

만리장성을 넘다 (하)

신 열하일기

이용태 김성식 지음

미다스북스

인사드립니다

— 이용태

    만리장성 그 길 위에서는 소중한 만남도 있었고 아쉬운 헤어짐도 있었습니다. 이제 되돌아서서 지나왔던 그 길 위에 새겨진 삶의 자취를 거둬 보고자 『만리장성을 넘다』 상편 〈신 서유기〉에 이어 하편으로 연암 선생이 다녀왔다는 열하일기 속의 길을 간 〈신 열하일기〉로 이곳에서 뵙게 되어 인사를 드리게 되었습니다.

    개인적으로는 만리장성의 완주라는 크나큰 영광을 안겨준 〈신 열하일기〉 길은 만리장성의 첫머리인 산해관에서 열하까지의 여행길이 되었습니다. 『열하일기』 속의 그 뜻을 소중히 간직한다는 뜻에서 시대는 달라도 여행의 형태를 『열하일기』 그대로 닮아 보고자 하였습니다.

    연암 선생이 1780년에 조선이라는 나라에서 방문한 나라가 청나라였고, 필자가 239년 뒤진 2019년 한국에서 방문한 나라는 중화민국이었습니다. 연암 선생과 같은 『열하일기』 여행길 속에 심오한 견문과 사상이 깃든 것도 없이 우리들은 그냥 연암 선생이 갔다는 『열하일기』 그 길을 따라서 갔다는 것뿐이었습니다.

    방문한 연대와 방문한 나라의 이름만 달리하였다 하여 『열하일기』를 〈신 열하일기〉 라 이름을 붙여 봤습니다.

팔순바이크

입국하고 출국할 때까지의 행로를 같이한다는 뜻에서 연암 선생이 7월에서 시작하였다고 하여 우리들도 그에 맞춘 7월에 출발하고, 운송의 수단도 두 발로 다녔다 하니 우리들도 전 일정을 두 발로 가는 자전거로만 하였습니다.

자전거는 차보다 느리다고 하지만 그렇게 느리지도 않았고, 걸어서 다니는 것보다는 빠르다고 하지만 그렇게 빠르지도 않았습니다. 연암 선생은 세 달이 걸렸고 우리는 자전거 덕에 한 달이 걸렸다는 것뿐이었습니다. 연암의 일행들이 산도 넘었고 개울도 건넜다 하는데, 우리 자전거 길에도 산도 있었고 개울도 있었습니다. 잠자리도 서른 번이나 바뀌는 여행길이었는데, 연암 선생님이 다니셨다는 그 길을 찾아 떠나는 길이 되다 보니 연암 일행이 무사히 마친 것처럼, 우리들도 무사하여 그 기쁨을 가지고 동료들과 함께 인사를 나누게 되었습니다.

감사합니다.

인사드립니다

— 김성식

『열하일기』속의 그 길을 240년이 지난 지금 그때와 다름없이 여행했습니다. 그때는 과학문화가 발달하지 않았던 수 세기 전이므로『열하일기』는 연암이 약소국가의 설움을 안고 중국을 방문하였던 축연 사절단의 일원으로서 중국을 여행한 견문록입니다.

그때는 약소국과 강대국 간에 첨예한 갈등이 있었던 시절이었습니다. 나라와 나라 사이에 국지전을 할 때 군사의 많고 적음에 의해 절대적인 국력 과시를 하던 시대였습니다. 우리나라는 지정학적으로 강대국에 둘러싸여 있었는데, 남으로는 바다 건너 일본이라는 왜국이 있었고, 육지로 맞닿는 북쪽은 거대한 중국이 군림하고 있었던 때였습니다. 그것도 모자라 이념과 사상이 다른 공산국가인 소비에트 연방이 국경을 마주하여 강대국이 이중 삼중으로 접해 있어 유사 이래로 이제까지 우리 삶의 역사는 그들의 영향력 속에 살아왔던 것입니다.

이제는 다양한 무기개발로 군사적 무력면에서는 약소국과 강대국이라는 개념 자체가 없어졌고, 국가 간의 전쟁도 전방과 후방이 없어졌다 하겠습니다. 군사력으로는 세계 6대 강국이고, 국력으로는 선진국으로 추앙받는 국민의 일원이 된 지금, 과거 우리 조상이 열강국들에게 받아왔던 슬픈 세월을 되돌아본다는 차원과 240년 전의 선인들이 겪어왔던 것을 현대인의 새로운 시각에서 재조명하고 싶은 마음으로『열하일기』에 담겨 있는 연암 선생의 역사적인 의식을 현실의 감각으로 되돌리고자 히말라야를 함께 여행하였던 이용태 선배님을 모시고 이 여행길에 올랐습니다.

형님과는 이 여행 이전에 생사고락의 한계의 선을 넘나드는 히말라야의 베이스캠프를 자전거를 타고 함께 올랐던 것이 인연이 되어 해외와 국내 오지 여행도 여러 차례 함께한 경험도 있고 해서 감히 이 길에 도전하게 되었습니다.

여행은 아는 것만치 보인다고, 현실도 제대로 보지 못하는 우매한 주제에 240년 전 선대의 높은 견문을 추정하기에도 많이 못 미치지만 다행히 남겨 놓으신『열하일기』속 연암 선생의 높으신 사상과 견문이 있어 그 길 위에『열하일기』가 길잡이가 되어 우매함을 하나하나 깨우쳐 가면서 들려보고자 자전거로 그 길에 오르게 되었습니다.

함께 동행하여 주신 동료 여러분들에게 지면을 통해서 감사함을 전해드리고 특히 여행을 마치고 마무리 작업에 이런 견문록을 남기게 독려하여 주신 형님에게 이 자리를 빌려 깊은 감사를 드립니다.

여행을 시작하며

인조 즉위 14년(1636년) 병자호란으로 남한산성에 피신하여 청나라 황제에게 삼궤구고두로 항복하는 수모를 겪었으니, 그 후 150년이 흘렀지만 청나라는 북벌의 대상이고 원수의 나라였기에 문물을 받아들이지 않았습니다. 정조 4년(1780년), 새로운 문물을 받아들이려는 실학파인 북학파를 숙청하고 조정에 등용하지 않았던 때에 연암은 벼슬 등용문을 마다하고 사십 중반의 나이에 청나라 황제의 만수절 사절단으로 가는 여행길에 오르게 되었습니다.

그때에 중국으로 가는 길은 뱃길을 이용하여 압록강을 건너 단둥에서 출발하여 북경으로 가는 것이었습니다. 연암 일행은 황제의 칠순 잔치에 참석하려고 했습니다. 그런데 북경에 도착해보니 황제는 북경에서 동북쪽 250km 떨어진 하북성에 있는 승덕시 피서산장에 있다고 하였습니다. 연암 일행은 황제의 만수절에 맞춰 도착하기 위해 4일 동안 밤낮을 가리지 않고 피서산장인 승덕으로 향하게 되었습니다.

『열하일기』는 승덕까지 육로로 걸어서 3개월이나 걸리는 대장정의 길을 그리고 있습니다. 연암은 도강록에서 이렇게 말하였습니다.

"君知道乎(군지도호)"
"그대는 길을 아는가?"

그리고는 길이란 언덕(山)과 강(江) 사이에 있는 것이라고 했습니다. 길이란 눈으로 보이는 길이 있는가 하면 비록 눈에는 보이지 않지만 우리가 선택할 수 있는 다른 길이 있습니다. 연암은 그걸 보느냐 못 보느

팔순바이크

열하일기 현수막

냐가 문제라고 했으며, 있는 그대로 보는 것이 가장 어려운 일이라고 말했습니다. 오랑캐의 나라라고 편견을 가지고 보았던 청나라를 연암은 6개월간의 대장정 동안 있는 그대로 보고 사실 그대로 기술하기로 했습니다. 그리고 저는 그 견문록을 따라 그 길 위에서 연암을 만나보고, 그의 숨결이 머물렀던 곳을 자전거로 찾아보기로 하였습니다.

그 길 위에서 연암 박지원 선생이 보고 느꼈던 일화를 기록한『열하일기』를 바탕으로 우리들도 연암 선생이 겪었던 그대로를 답습한다는 뜻에서, 연암이 걸었던 것처럼 우리들도 그에 최대로 근접한 방식으로 두 다리를 이용한 자전거를 이용하게 되었습니다.

그 길 위에서 연암의 체취를 우리가 느끼고 살려보기 위해『열하일기』속에 담긴 높은 식견과 여행 중의 애환을 재연해보고자 하였던 것이 이 여행에 더욱 진지하게 임하게 했습니다. 그 결과 더 훌륭하고 값진 여행으로 탈바꿈하게 했습니다.

우리들의 노정

길을 찾아 떠난다는 것은 새로운 세상과 마주하러 간다는 것입니다. 길에 따라서 다르겠지만 그 길 위에는 새로운 삶을 개척해가는 용기와 의지가 있어야 된다고 생각했습니다. 우리들이 찾아 떠나는 길은 1780년, 지금으로부터 240년 전에 연암 박지원 선생이 청태조 건륭황제의 생신 축하사절단을 따라가는 길에서 겪은 일을 바탕으로 쓴 『열하일기』의 여정을 그대로 재현하는 자전거 여행이었습니다. 어쩌면 행로가 빤한 일정이었지만 옛 어른들이 머물렀던 곳, 숨결이 배어 있던 곳을 찾아가는 길이라 생각하니 여행사에서 정해준 스케줄대로 움직이는 여행과 판이하였습니다.

만리장성을 자전거로 넘다

연암 선생이 다녀왔다는 『열하일기』의 그 길을 다니면서 만리장성의 동북쪽 첫머리인 산해관에서 열하 승덕시 피서산장까지 다녀오게 되었습니다. 우연치 않게 만리장성의 전 구간 8,851km를 완주하게 된 것입니다. 이 여행은 만리장성 완주라는 대미를 장식하는 마지막 구간입니다. 그 길 위에서 연암 선생을 만나기 위한 『열하일기』, 그 길 위에 자전거 바퀴 자국을 남기다'라는 타이틀을 짓고 우리는 여행의 출발점에 섰습니다.

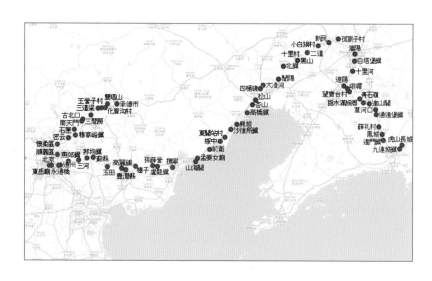

워리… 워리~

옛날에 아이들이 똥 싼 것을 치울 때 개를 불러 처리하였습니다.
그때 개를 부르는 소리를 "워리… 워리~."라고 하였습니다.

한번 잘못 길들여진 버릇이 여든까지 간다고 했습니다.
여든이 넘어서도 제 버릇은 개에게도 못 준다고
개 눈에 똥밖에 보이지 않았습니다.
이제 이 길 저 길 찾기에는 너무 멀리 온 것 같습니다.
돌아갈 길이 있다 하여도
이미 때는 늦어 이 길이라도 얼마 남아 있지 않는 길이 되어
연암이 일러주신 『열하일기』 그 길 위에 섰습니다.

누가 뭐래도 가는 길은 바르게 가고 있었습니다.
이 길인가 저 길인가 긴가민가도 했지만
개 눈에도 이 길이 옳은 길이라 생각하고
앞뒤도 돌아보지 않고 달려왔던 길이
길 만큼이나 쌓이고 쌓인 것이 있어.
개 눈에는 똥이었습니다.
돌멩이가 깔린 길에서도 서로 부딪치는 소리가 있었고
풀숲 위로 가는 소리에서는 바람 소리와 합치면
화음이 된 소리가
세상의 소리가 되어 들을 수 있었습니다.
비단길 위에 듣는 소리보다 더 다양한 소리를 들을 수 있어
그 길은 똥값은 할 수 있어 개 눈에는 똥이었습니다.

워리야!!! 워리~ 워리~~

CONTENTS

제1부 신 열하일기(新 熱河日記)

제5부 연암에게 묻습니다

제6부 열하로 가는 길

제7부 피서산장(避暑山莊)

제8부 시사회

일러두기

1. 이 책은 함께 여행을 떠난 김성식과 이용태가 함께 집필하였습니다.

2. 책 본문에 들어간 QR코드를 스캔하면 저자가 직접 만든 영상을 볼 수 있습니다. 팔순 저자의 진솔함과 정성이 녹아든 날것 그대로의 영상이므로 책과 함께 감상하시면 좋습니다.

제1부

신 열하일기
(新 熱河日記)

동그라미 그리려다 무심코 그린 얼굴

오늘도 자전거 안장 위에 오릅니다.
자전거 바퀴가 둥근 것만치 한없이 둥근 원을 돌리고 갑니다.

분명히 원(圓)을 그리고 가는데
결과는 선(線)으로 나타납니다.

연암 박지원이 다녔던 『열하일기』 그 길 위에
이 두 바퀴로 만든 선을 올려놓고
연암 선생이 갔던 길과 맞춰보면
무심코 그린 얼굴이
시공을 초월한 연암의 얼굴을 그리게 됩니다.

그 얼굴은 사랑입니다.

2019년 가을

제1장

자전거로 가는 신 열하일기

『열하일기』는 연암 선생이 만리장성의 첫머리 산해관으로부터 북경을 거쳐 피서산장의 승덕까지의 견문록이었으나, 저에게『열하일기』속의 그 길 위를 자전거로 다녀온다는 것은 만리장성의 동북쪽 2,200km를 완주한다는 데 더 큰 의미가 있었습니다.

중국 지적 당국에서 2009년 9월 25일 발표한 만리장성 전 구간 8,851.8km 중에 장성이 차지하는 가장 중요한 머리 부분인 노룡두에서 열하까지는 만리장성의 완주하였던 부분 중 가장 중요한 부분이 되었습니다.

이번 이 여행은 전체구간에 비해 짧은 구간이지만 만리장성 전 구간을 완주했다는 마침표를 찍었다는 성취감에 앞서 사연이 있고 이야기가 더 많이 있었던 여행이라 더 보람이 있었기에, 이 이야기를 더 귀하게 여겨 여기에 옮겨 적었습니다.

　1780년, 성리학이 국가의 근간(根幹)이었던 시절에 연암 박지원 선생은 청나라의 황제의 칠순 잔치에 축하사절로서 피서산장에 있는 승덕에 가게 되었습니다. 오랑캐의 나라에 무엇이 볼 것이 있겠나 하는 편견을 가지고 청나라의 단둥으로 입국하여 6개월 간의 보고 듣고 경험한 바를 적은『열하일기』라는 견문록을 발간했습니다. 연암 박지원 선생의 희대의 걸작, 이 여행담을 보고 저는 생각했습니다.

　'연암 선생이 청나라를 보고 느낀 바를 적은 글을『열하일기』라고 하였다면, 나는 240년이 지난 시대에 열하 그 현장을 다녀왔으니『열하일기』라는 이름자 앞에 신(新) 자를 앞에 붙여 '자전거로 가는『신 열하일기』라고 하겠다.'

　연암 선생이 1780년에 조선이라는 나라에서 방문한 나라는 청나라였고, 240년 뒤인 2019년에 제가 한국에서 방문한 나라는 중화인민공화국이었습니다. 방문한 연대와 방문한 나라의 국호만 달리 하였고 입국하고 출국할 때까지의 행로는 그때와 똑같이 하였으며, 방문한 시기도 연암 선생은 7월에서 시작하였다 하여 그에 맞춰 우리도 7월에 출발하고, 운송의 수단도 두 발로 다녔다 하여 우리들도 전 일정을 두 발로 가는 자전거로만 하였습니다. 바쁜 일정에 밤길도 걸었다 하여 우리들도 평소엔 금기시하는 밤에 자전거를 타는 시도를 했고, 노숙도 하였다 하여 우리들도 길섶에서 자캠(자전거 캠핑)도 하였습니다. 축제일에 맞추기 위해 우중에도 걸음 하였다 하여 우리들도 비를 맞고 다녔습니다.

생활의 수단과 시대는 달라도 거의 같이하려고 노력하다 보니 때에 따라 호강할 때도 있었습니다. 다만 연암 선생은 말을 타고 다녔다면 우리들은 자전거를 탔다는 것이 달랐고, 연암 선생이 다녔다는 길을 찾아 다니다 보니 연암 선생보다 조금 더 멀리 다닌 것이 29일간의 2,200km였습니다. 연암 선생이 그 시절 그때를 조명하는 일기를『열하일기』라 하면 우리들은 정확히 240년이 지난 시점이라 중국의 현세를 들여다보고 그때와 대비하여 나름대로 기록한 것을『신 열하일기』라고 하겠습니다.

『신 열하일기』라고 명명함은 단순히『열하일기』내용대로 그 행로를 찾아서 가는 자전거 여행의 한 방법에만 국한된 것이고, 이 여정에서 경험한 것을 일기형식으로 적는 것이므로 연암 선생이 저술한『열하일기』와 같은 깊은 사상과 다른 어떤 심오한 목적이 있는 것이 아닙니다. 이 여행의 속성은 '무엇을 보고 무엇을 먹으며 어디에서 잠자리를 가질 것인가?'라는 궁극적인 목표 외에는 없습니다. 이 세 가지를 근본으로 하여 자전거를 타고 가면서 연암 선생의 발자취를 들춰 보려고, 가는 길에 연암 선생처럼 무거운 짐을 자전거에 싣고 다니기에는 힘에 벅차 가벼운 마음으로 다니려고 노력하였습니다.

어느 친구가 자전거를 왜 타느냐고 묻습니다. 자전거를 무슨 재미로 타느냐고 말입니다. 저는 대답을 구차하게 하지 않습니다. 이렇게 말했습니다.

"나에게 자전거를 탄다는 것은 생활의 일부이고, 자고 일어나서 시장

하면 밥을 찾아 먹듯이 자전거 타는 것은 살아 숨 쉬는 심장 뛰는 박동
의 울림이다."

더울 때는 덥다고 타고 추울 때는 춥다고 탑니다. 아무리 더워도 자
전거 안장 위에 올라만 있으면 인체가 가지는 최적의 온도를 유지할 수
있습니다. 신체의 각 부위에 이상 유무가 있나 없나 하고 확인하는 차
원에서 20~30분만 자전거 위에서 움직이다 보면 최상의 컨디션이라고
알리는 정점에 도달하게 되는데, 그때 땀의 배출로 몸의 상태를 알게
됩니다.

가쁜 숨으로는 폐활량으로 체크가 됩니다. 그때부터 냉방기가 가동되
어 그 이상으로 체온이 올라가지 않게 합니다. 자동 시스템입니다. 더

올라가려는 체온을 땀이 나게 하면서 유지하게 합니다. 그 정점이 가장 상쾌한 지점이고, 자전거 타는 시간이 바로 그 정점을 계속 유지하려고 노력하는 시간이 됩니다.

추울 때에도 똑같은 이치가 적용됩니다. 체온보다 낮은 기온을 접하게 되면 신체 각 부위를 움직이게 하여 신체 내부에 있는 보일러를 가동하면 됩니다. 어느 정도 정상적인 체온과 가깝게 되었다 하면 땀으로 신호를 알려줍니다. 그 시간을 만끽하려고, 상쾌한 시간을 연장하려고 노력하다 보면 그 자체에 운동이라는 이름이 붙여집니다.

그 상쾌한 시간이 누적되면 청하지도 않았는데 스스로 찾아주는 반가운 손님도 만나게 됩니다. 건강이라는 귀한 분을 영접하게 됩니다. 그분은 떠날 때도 말없이 떠나고 올 때도 예고 없이 찾아옵니다. 오시는 손님 마다할 수도 없고 그렇다고 가시는 손님 붙잡을 수도 없습니다.

찾아온 손님과 함께하기 위해 못 떠나게 붙잡아두는 방법에는 여러 가지가 있습니다. 젊었을 때는 젊다는 싱그러운 향기로 붙잡아 놓을 수 있지만 나이가 들면 싫어하는 냄새가 난다고 자주 떠나려 합니다. 그때마다 새롭게 옷도 갈아입고 목욕도 자주 해야 합니다. 그 냄새를 씻어내는 목욕은 땀으로 하는 땀 목욕이 최상급의 목욕이라, 그것을 하기 위해서는 목욕비도 들지 않는 자전거 안장 위에 올라타면 됩니다. 스치는 바람으로 냄새를 날려 보낼 수 있었고 흐르는 땀방울로 그 냄새를 씻을 수 있습니다. 그렇게 건강을 붙잡아두려고 하다 보면 거꾸로 이런 호강스러운 여행도 자주 하게 됩니다.

그러나 건강이라는 손님이 더러는 까탈스러운 손님일 때도 있습니다. 이 바람은 이래서 싫고 저 바람은 저래서 싫다 하시면, 찌든 몸 냄새를 더 이상 바람으로는 날릴 수 없다면 그때부터 땀으로만 씻어야 했습니다.

나이가 들수록 냄새는 하루하루가 달라집니다. 땀으로도 씻기지 않을 때를 생각해서 이 바람 저 바람을 식상하지 않도록 다녀야 했습니다. 바람도 늘 맞는 바람보단 새로운 바람이 더 향기로울 것 같습니다. 그래서 여기저기 기웃거리고 다니다 보니 『열하일기』, 그 길 위의 바람은 어떨까 하고 자전거 바퀴를 올려놓게 되었습니다.

추울 때는 춥다고 더울 때는 덥다고, 신체 내에 있는 에어컨과 보일러를 가동하려고 자전거 안장 위에 올라타다 보면 비바람도 맞을 때도 있고 눈보라도 맞을 때도 있습니다. 어쩌다 보면은 달갑지 않은 사고라는 손님도 맞을 때도 있습니다. 저는 자전거 안장 위에 오랫동안 많이 올라 있었다고 그 시간만큼이나 비례해서 사고라는 불청객도 다른 사람들보다 더 자주 만났습니다. 자전거를 타고 다니면서 생기는 사고는 필연적으로 생기는 생활의 한 일부분이라고 생각하게 되어 그렇게 심각하게 받아들이지 않습니다. 상처의 심각성은 운동을 하고자 하는 의지에 따라 받아들여지게 되어서입니다.

저는 오늘도 자전거 안장 위에 오릅니다. 자전거 바퀴가 둥근 것만치 한없이 둥근 원을 돌리고 갑니다. 분명히 원(圓)을 그리고 가는데 결과치는 선(線)으로 나타납니다. 연암 박지원이 다녔던 『열하일기』 그 길

(吉) 위에 이 두 바퀴로 그어진 선(線)을 올려놓고 연암 선생이 갔던 길과 대입(代入)해서 맞춰보기 위함입니다.

어느 길이 좋았고 어느 길을 더 깊이 있게 보고 다녔느냐는 문제시 되지 않습니다. 연암 선생이 보고자 하는 것과 제가 보고자 하는 것이 달랐기 때문입니다. 저는 연암 선생보다 240년이나 새로운 시대에 살아가는 사람으로서 그 시대에 맞는 품위와 의식을 가지고 살아가는 여행이기에 훌훌 벗어놓고 가벼운 마음과 웃음 띤 얼굴로만 가려고 합니다.

『신 열하일기』는 그 길만큼의 무게를 싣고 다니고자 합니다. 짐의 질(質)과 양(量)처럼 화물의 가치를 인정받고 안 받고도 문제가 되지 않습니다. 누구에게도 인정받고 싶지 않은 것으로, 다만 질적으로 나름대로 내 입맛에 맞는 것만 찾아 싣고 다니다 보니 그 짐이 내 힘에 무겁다 생각되면 덜어놓고 가게 되고 아깝다 싶으면 다시 찾아 실으면 됩니다. 나쁠 것도 없고 좋을 것도 없는, 나의 얼마 남아 있지 않은 여행(餘幸)이기 때문입니다. 그 여행(餘幸)은 여행(旅行)으로 만들어가는 과정이 더 중요하기 때문입니다.

혹자는 이 여행 중에 제가 지고 가는 짐이 가볍다고, 아무 가치가 없는 것이라고 할지 모르지만 무겁고 가볍다는 평가는 나만이 할 수 있습니다. 그러한 판단도 나의 가치 기준에 맞춰 누구의 간섭도 누구의 평가도 받고 싶지 않은 이유는 나는 자유로운 영혼이기 때문입니다.

어떤 틀에 매달려서 그 틀에 채워가는 자전거 길은 그 무게를 감당하지 못해 굴러가는 바퀴만 쳐다보고 가야 합니다. 그러나 아무 것도 가질 것도 없고 채워서 갈 것이 없는 나의 자전거 길은 먼 산이 가까이 다가오는 것만 보면서 가는 자전거 길이 되어 그만큼 영혼이 자유로울 수 있습니다. 이번 이 여행도 정해진 『열하일기』 그 길을 따라가면 되었습니다.

일반적인 여행의 성공 여부는 '1. 누구와 2. 어디서 3. 무엇을 보았느냐'의 3대 요소를 중히 여긴다고 하지만 자전거 여행은 좀 달리하여야 합니다. 단체로 하는 자전거 여행은 출발 전에 현지 여행지와 비슷한 장소를 선정하여 예행훈련을 필수적으로 거칩니다. 그 훈련을 통하여 기능과 인성을 점검하고 여행을 수행할 수 있는 자격요건을 심사하며 서로 검증을 하게 됩니다. 그 과정을 거친 후 여행 중에 사용할 공동으로 써야 할 공용물품을 배분하여 준비하고, 각자 역할 분담을 하고 신체검사를 마친 후 단체생활에 지켜야 할 부분을 가려 서약한 후 여행에 임하게 됩니다.

이러한 엄중한 자격요건과 검증을 마치고 출발한 팀이라도 여행 중에 돌발적으로 발생하는 사태에 공동으로 책임져야 할 부분이라도 생기면 개인 편의주의로 팀원들 간에 서로 불편한 관계가 생길 수 있습니다. 이를 미연에 방지한다는 뜻에서 책임소재를 엄격하고 명확히 함으로써 공동체 의식을 잘 지켜나갈 수 있게 규약을 정함으로써 원만한 여행을 마치게 됩니다.

저는 수차례 여행을 다니면서도 그 규약에 책임소재를 따진 적이 없는데, 그것은 사전에 엄격한 책임소재를 정했던 것이 원인이 아닌가도 생각하게 됩니다.

이번 여행의 팀은 이런 과정을 거치지 않고 동우회에서 활동하신 분들의 교분으로 구성된 팀이지만 이런 여행을 수차 무리 없이 리드하신 덕암 님(김성식)이 계시고, 여행 일정과 코스에 난이도가 있다 하여도 그간에 이런 유사한 여행을 수차례 별 무리 없이 진행하였던 것으로 알기에 덕암 님이 리드하는 이 팀에 팀원으로 참가하게 되었습니다.

　이 여행을 성공하기 위해 '계획한 일정대로 무리 없이 수행할 수 있느냐?'에 초점을 맞춰 갖춰야 하는 것은 기능 이전에 몸가짐이라 하겠습니다. 일반 여행과 달리 『열하일기』 길을 따라가는 자전거 여행에서는 운전에 따른 위험 요소와 자전거에 수반되는 기계적인 문제까지 겸해서 생각해야 했습니다. 다행히 이번 자전거 여행은 숙박과 식사는 호텔에서 잠자고 식사는 매식으로 진행한다고 정하여 시간을 절약할 수 있었고 번거로움을 피할 수 있는 장점이 있어 조금의 노력과 집중력을 가지면 별 문제 없이 진행되리라 생각합니다.

　여행 중에 가장 중요한 것이 잠자는 것과 식사하는 것이라 생각하면, 이곳은 다행히 물가가 싸서 식사는 우리가 직접 하는 것보다 사서 먹는 것이 더 경제적이라 생각합니다. 비박하기 위해 자전거에 텐트와 침낭을 휴대하고 다니면 하루에 갈 수 있는 길이 60~70km에 불과하지만 호텔에서 숙박할 예정이라면 숙박 장비를 싣고 다니지 않아 빈 몸으로 다니게 되어 하루에 100km도 쉽게 다닐 수 있으니 오히려 경제적이라 할 수 있습니다. 또한 맛집 찾아다니면서 취향에 맞는 먹거리를 찾아 먹어도 부담이 되지 않았습니다.

중요한 것은 29일 동안 오고 가는 선상시간을 빼면 27일간 2,200km를 주행한다는 것이었습니다. 수치상으로 하루 평균 80km씩, 하루 100km씩 다녀야 했는데 체력상으로 문제가 되지 않지만 도착하는 시간, 도착하는 곳에 숙박할 곳과 식사할 곳이 있느냐가 문제였습니다. 일정을 지켜나가기 위해서 주행거리가 들쑥날쑥하게 되면 컨디션 조절에 문제가 되므로 경험상 요주의 대상이었습니다.

서역의 만리장성(청도~가욕관) 여행 시 기련산맥(치렌산맥)과 고비사막을 넘을 때 비상식량을 휴대하고 다니던 경험에 비춰본다면, 다행스럽게 생각되는 것은 이번 여행은 하절기이고 마을과 마을 사이가 10km 이내여서 한 끼 정도의 비상식량만 휴대하고 다니면 문제가 없었습니다.

29일간 2,200km의 여행을 하겠다고 덤벼들 정도라면 어느 정도 자신을 가진 사람들이라고 생각됩니다. 부족한 점이 있다면 그때그때 이해를 시키고 서로 배려해나가면 되리라 생각하고, 여행이란 원래 완벽한 준비를 하였다 하여도 현지 사정과 여건이 수시로 바뀌기 때문에 완벽한 만족을 가질 수 없는 것입니다. 여행 중에 조정하며 그런대로 완벽에 가까운 근사치로 만들어 간다는 마음으로 서로 용기를 주고 잘 선도하여 팀워크가 잘 이루어지면, 또한 2,200km『열하일기』의 길 완주라는 목표를 가슴에 새기고 가면 모든 것이 잘 융화되리라고 봅니다.

아침에 출발신호와 함께 호흡을 맞춘 파이팅은 발걸음을 가볍게 하였습니다. 앞에서 리드하는 덕암 님이 선두가 되어 이 코스를 몇 번이나 답사한 것처럼 코스에 따라 완급을 조절하는 라이딩은 발걸음을 가볍게 하였습니다. 단체로 하는 주행 중에 쉬어가는 쉼 시간도 유효하게 안배함으로써 쓸데없는 쉬는 시간을 없애고 관광하는 시간을 쉴 시간으로 대체 이용하게 되어 시간의 사용 효율을 높였습니다. 라이딩하는 모습이 수준급으로 잘 훈련된 군인이 제식훈련 하는 것처럼 기어의 비가 통일되어 왼발이 올라갈 때 다 함께 올라가는 발맞춤은 어깨를 으쓱하게 하였습니다. 한마디로 호흡이 잘 맞는다는 뜻입니다.

　도로상에서 자전거는 자동차와 도로를 함께 사용하기 때문에 항상 질서 정연하게 줄 세워 진행하게 됩니다. 뒤따르는 사람은 앞사람의 모든 행동을 감시하게 되어 앞사람의 몸 상태를 뒷사람이 자연히 감독하게 되기에 기탄없는 도움을 주고받게 됩니다. 공동체 의식으로 진행하는 단체여행은 이러한 이점이 있어 좋습니다. 올라가는 힘든 고갯길도 호흡을 맞춰주는 동료가 있고 뒤에서 받쳐주는 숨소리가 있다고 힘들지 않게 넘게 됩니다.

　여행이 끝날 때까지 오늘 출발할 때의 이런 리듬으로 유지할 것 같아, 이 여행을 거쳐 또 다른 명문 팀이 탄생할 것으로 자신하게 됩니다.

첫째 날, 뱃길로 압록강을 건너다

팔순바이크

떠나올 때 친구가 부두까지 와서 환송을 해주었습니다. 배를 타고 떠나는 나를 보고 안쓰러웠는지 다른 편안한 운동도 있는데 왜 하필 자전거를 타느냐고 물어왔습니다. 저는 그 자리에서 대답이 궁하여 엉겁결에 시원해서 탄다고 했습니다. 대답을 하고 난 뒤 생각해보니 너무 무성의한 대답인 것 같아 그 친구에게 미안함도 생겼지만, 저도 생각을 정리할 필요가 있었습니다.

저는 자전거가 분신처럼 생활화되어 화장실 가는 길 외에는 자전거를 타고 다닐 정도로 애용합니다. 매일 열어가는 아침 길에도 똑같은 시간대에 똑같은 길을 지나가도 매일 길이 다르게 느껴집니다. 스치는 바람

결도 다를 뿐만 아니라 보이는 풍경도 매일 다른 색깔로 채색되어 나타납니다. 매일 쳐다보는 얼굴이 매일매일 더 사랑스럽게 느껴지는 것처럼 말이지요.

매일 타는 자전거도 때에 따라서 무겁고 힘들 때도 있습니다. 우리네 살아가는 삶의 발자취와 같아서, 이럴 때는 자전거를 그 자리에서 팽개치고 가고 싶을 때도 있습니다.

지난 겨울, 코로나 때문인지 날이 차서 그런지 자전거 타는 사람도 없다 보니 혼자 끌고 나가기에는 생소하고 해서 하루 이틀 손 놓고 있으니 젊은 사람과 달리 하루하루 쇠퇴해지는 내 육신이 느껴질 만큼 허접해졌습니다. 이래서 안 되겠다고 큰맘 먹고 차가운 바람을 가로질렀습니다.

평소에 연습하던 힘든 코스를 선택하여 올라섰습니다. 그간에 며칠 쉬었다고 힘든 고갯길이 더 힘들게 느껴졌습니다. 영하 10도이고 맞바람이라 그렇지 않아도 힘든데, 돌아가고 싶은 생각에 이래저래 되돌아갈 이유를 찾게 됩니다. '맞바람이니까!' 하고 이유를 대보기도 하고 '영하 10도이니까!' 해보기도 했지만 이유가 마땅치 않아 '이 고개만 넘고 중간에서 되돌아가자!' 하고 생각할 때면 올라온 길이 아까워서 끝까지 올라가게 됩니다. 결국은 정상에 올라 땀을 닦았습니다. 잘 참고 올라왔다! 나 자신이 자랑스럽게 느껴져서 나 자신에게 박수를 쳤습니다.

나보다 먼저 올라와서 쉬고 있던 사람이 내 박수 소리를 듣고 나에게 다가와 의아해 했습니다. 오해의 소지가 있을 걸로 알고 사실대로 이야기를 했습니다. 참고 끝까지 올라온 내가 자랑스러워서 나 자신에게 바치는 박수였다고 했습니다. 그 친구가 더 웃기는 것이, 나에게 더 힘찬 박수를 쳐주었습니다. 힘든 자전거를 왜 타느냐고 묻는 친구에게 이렇게 대답했으면 되었을 걸. 앞으로 대답을 이렇게 하겠습니다.

"자전거 타는 내 모습이 자랑스러워서!"

압록강 강바람으로 타고 가는 길에 마주하는 연산산맥의 맞바람은 고구려 시대의 옛이야기를 실어다 주었습니다. 옛이야기를 들으며 가면 자전거 타이어에 부딪치는 마찰음과 가지를 흔들고 스치는 바람 소리와 함께 화음이 되어 또 다른 세상으로 인도하며 귀를 즐겁게 하였습니다. 그러고 보면 자전거 안장 위가 영화관이 되고 음악관이 됩니다. 시시각각으로 닥쳐오는 풍경은 다큐멘터리 극장이 되어 눈과 귀가 즐거운 한때를 보내게 됩니다. 스치는 풍경도 눈을 즐겁게 하는 그림으로 다가옵니다. 우리가 가고자 하는 목적지의 자태가 궁금하면, 미래에 닥쳐올 그림을 더 빨리 보고 싶으면 자전거 속도를 더 빠르게 가면 되었습니다.

그림을 보여주는 영사기는 자전거의 속도의 조절로 이루어지니 천천히 가면 주위의 풍경을 깊이 있게 천천히 음미하게 되고, 영사기를 빠른 속도로 돌리려면 자전거 속도를 빨리하면 되니 빠른 그림으로 볼 수도 있었습니다.

자전거 안장 위에 오르면 내가 뱉어내는 숨소리와 스치는 바람 소리, 들려오는 자연의 소리가 조화를 이루면 오케스트라가 되어 안장 위가 음악당으로 변합니다. 그 소리에 맞추어 아름다운 풍경은 피곤함을 잊게 하는 힘이 되어줍니다.

흔히 자전거 여행에 범하기 쉬운 실수는 단체 생활에서 지켜야 할 규칙과 규율을 어기는 것입니다. 주로 동우회에서 하는 자전거 운동은 아침에 만났다가 저녁에 끝나는 일정까지 한시적입니다. 그 시간 속에 지켜야 할 것이란 안전수칙 정도입니다. 그 속에는 별달리 지켜져야 할 의무사항도 없고 권리도 없습니다. 그러한 분위기 속에 운동하였던 사람으로 구성된 여행 참가자들은 평소에 동우회에서 행하였던 방법만 알아서 지극히 개인주의였습니다. 지금 우리들이 하고자 하는 장기간의 여행이란 함께 참여한 사람들끼리 힘을 합쳐 보람된 여행으로 만들어가는 과정이고, 공동체 의식을 가지지 않는 사람들로 구성되면 서로가 힘들어집니다.

우리 팀은 단체 여행에 합당한 자격요건을 갖춘 사람들을 가려서 결성된 팀이 아니었기에 염려스러운 점도 있었습니다. 팀원들과 어느 정도의 질서를 유지할 필요가 있을 것 같았습니다. 계층 간의 상하(上下)는 없어도 선(先)과 후(後)는 있어야 서로 편해질 것 같아 제가 해야 될 몫으로 알고, 말로 하는 것보다 몸으로 표시했습니다.

식탁의 자리부터 먼저 리더에게 권하였고 다 알고 있는 사실도 반복해서 물었습니다. 지시를 받는 사람으로 스스로 모습을 낮춤으로써 상하 관계는 없어도 선과 후의 수평적인 관계는 있어야 함을 보여주었습니다. 그렇게 해야 서로의 의사소통도 편해지고 또한 하고자 하는 일이 원활할 것 같아서 먼저 틀을 잡았습니다. 좋은 뜻으로 받아들이고 수긍해주시는 대원들의 표정을 보니, 나의 걱정이 노파심이었다고 말해주는 것 같아 고마웠습니다.

제2장

연암이 본 벽돌과 또 다른 벽돌

　첫날 연암 박지원 선생이 그 일행들과 단둥에 도착하여 놀란 이유는 '형편 없이 못 사는 오랑캐의 나라, 동가숙(東家宿) 서가식(西家食) 하는 유목민'이라는 선입견이 깨진 것이었습니다. 도착해서 그들이 사는 모습을 보고 혼란에 빠져 농담으로 조선으로 되돌아가고 싶다고 할 정도로 충격을 받았다고 하였습니다.

　그 놀라운 충격을 선사한 첫 광경은 길 양쪽으로 줄지어 들어선 붉은 벽돌집이었다고 합니다. 중국은 청나라 시대부터 벽돌집을 짓고 살았습니다. 놀라운 것은 이뿐만이 아니었습니다. 연암 선생은 벽돌집만큼이나 벽돌공장도 많은 것을 보았고 벽돌가마에서 구운 것을 기상천외하게 바퀴 달린 우마차로 운반하는 것을 보았습니다.

　연암 선생은 벽돌집을 지은 것을 자세히 관찰하여 『열하일기』에 견문록에 이렇게 기록하였습니다.

"집은 견고하게 아래로는 기둥을 세워 비를 맞지 않게 하였고 기둥은 벽 속에 있어 비바람을 맞지 않도록 하였다. 불이 났어도 불이 번질 염려도 없고 도둑이 들 위험도 없으며 문 하나만 닫으면 저절로 굳은 성벽이 되고 문만 닫으면 모든 것이 고리 궤짝 속에 있는 것같이 간수하기 편하게 하였다. 벽이 일부가 허물어져도 같은 규격으로 만든 벽돌이라 채워 넣으면 감쪽같아서 쥐새끼 한 마리도 들어갈 수 없고 기워가는 빈대 한 마리도 건너가지 못하게 하였으니 이 얼마나 놀라운 일인고."

조선에서는 물건을 운반할 때 등짐으로 지고 어깨에 메고 부녀자들은 머리에 이고 다녔습니다. 조선에서는 자기의 육신으로만 비능률적으로 운반하고 있을 때, 수레 바퀴 위에 짐을 올려놓고 가볍게 옮기는 것을 보았으니 놀라움에 정신이 혼미하였다고 할 만합니다.

조선 시대에는 대부분 등짐을 지고 옮겼으며 조금 힘이 덜 들게 하려고 소 잔등에 짐을 싣고 다녔습니다. 양반들의 나들이도 가마꾼이 담당하여 넓은 길을 힘들여 만들 필요 없었고, 사인교 정도 탈 수 있는 형세라면 애초에 큰 길가에 집을 지었습니다.

필요 이상으로 도로를 넓게 내면 경작면적에 비해 도로가 차지하는 면적이 높아져 농작물의 생산 효율에 좋지 않았습니다. 게다가 경작지가 보통 산비탈에 있었으므로 길을 내도 제대로 사용할 수 없었습니다.

조선 말기에서 근세에 들어와서야 신작로(新作路)라는 신조어가 생겼습니다. 신작로라는 어휘에는 여러 가지 이야기가 담겨 있지만 우리 민족의 정서를 잘 표현된 〈아리랑〉의 가사에 있는 신작로라는 단어는 그 시대의 애환과 삶이 묻어 있습니다. 신작로가 생겼을 즈음에 달구지라는 단어도 함께 탄생하게 되었습니다. 신작로와 달구지는 불가분의 관계라 달구지라는 말도 우리들 삶 속에 아직 좋은 이미지로 남아 있습니다.

명·청 시대의 농기구나 운반구의 발달은 병장기 발달로부터 시작된 것 같습니다. 앞의 사진으로 있는 달구지 바퀴는 팔기군의 주 무기인 쌍두마차에서 쓰였던 것을 분리하여 보존된 것이라 합니다. 조선 시대보다 100년 먼저, 청나라에서는 수레에 바퀴를 달고 군사용 병기로 썼습니다. 여기에 군수용품을 기동성 있게 가볍게 싣고 옮겨가면서 전투에 임하다가 이것이 농기구로 전용된 것 같았습니다.

우리나라는 오천 년 역사 이래로 남의 나라를 침범한 적이 없고 항상 침략만 당하고 살아왔습니다. 병장기가 적극적으로 발달할 이유가 없었기 때문에 과거에는 생활용품이 후진성을 면치 못하고 있었던 것 같습니다. 현세까지도 문화의 이기는 전쟁을 하기 위한 병장기 발달에서 시작된 것이 많습니다. 물론 현대전에서는 어떤 경우하면 공멸과 공생만 있을 뿐인 것 같습니다. 코로나 바이러스 하나에도 온 지구촌이 쥐 죽은 듯 조용한데, 이런 것을 만약 무기로 썼을 경우를 생각해보면, 약자도 없고 강자도 없으며 공멸과 공생만 남을 뿐이라고 생각이 듭니다.

침전물에서 채취된 또 다른 벽돌

연암 선생은 벽돌을 보고 놀라서 청나라를 다시 보게 되었고, 그로 인해 오랑캐라고 없이 보았던 것을 새로운 시선으로 보게 되었던 것을 『열하일기』속에 담았다고 하였습니다. 저는 우연하게도 아래 그림에 보여진 것처럼 또 다른 벽돌을 보았습니다. 연암은 벽돌을 보고 다른 시선으로 청나라를 평가하였다면 저는 또 연암 선생이 보았다는 벽돌이 아닌 또 다른 벽돌을 보고 인식의 차이를 가지게 되었습니다.

벽돌로 지어진 건물을 보고 놀랐습니다. 300~500평 대지 위에 3동의 지어진 건물을 보고 놀란 것은 처음 보는 새로운 벽돌이었기 때문입니다. 어떤 첨단의 소재보다 더 의로운 물건이었습니다. 침전된 폐수처리장에서 세사(잔모래)를 공해 물질을 뽑아 올려 만든 벽돌이었습니다.

용마루 기둥, 벽체, 하물며 울타리까지 언제 어느 시대에 건축된 것인지 모르지만 완벽한 조형미까지 갖추었습니다. 울타리는 주위에 위치한 하북성(河北省)의 금산령장성(金山領長省)을 형상화하여 만리장성의 용트림과 호흡을 맞추었습니다.

본 건물에 출입이 허용되지 않아 밖에서만 본 것이지만 넓은 대지임에도 불구하고 건축의 효율성 때문인지 본관은 2층으로 지어졌으며 부속건물은 눈으로 확인한 것만 해도 건평 100평 규모에 2동이 들어섰습니다. 재료는 퇴적물과 혼합하여 가마에 구워서 만든 것인지 아니면 일반 벽돌처럼 결석제와 혼합하여 만든 것인지 확인하지 못하였으나 주재료가 퇴적물인 것만은 분명하였습니다.

이 건물의 출입구에 '폐수 관리사무소'라는 현판이 붙어 있는 것을 보니 공공건물인 것 같았습니다. 벽돌의 색깔과 건물의 형태가 특이하여 사진으로 연신 담고 있었는데 이런 물건을 무심하게 보는 일행들은 시간을 지체하는 나를 못마땅하게 생각하는 것 같습니다. 마침 일행 중 차수레 님이 함께 자리를 같이하여 미안함이 반이나 줄었습니다. 수레 님은 많은 여행으로 견문이 넓은 분이라 이 벽돌을 유난히 관찰하는 것 같아 내가 보고 느낀 바를 이야기하였더니 자기도 퇴적물에서 추출한 세사(잔모래) 같아 보인다고 하였습니다. 차수레 님도 건물과 굴곡진 울타리를 보고 있는 것이 조형미에 관심 있어 보는 것 같았습니다.

　퇴적물로 만든 벽돌이 상용화되지 못한 이유로는 아직까지 인체에 유·무해한 것이라 판별이 되지 않아 일반화되지 않았다는 것이 원인인 것 같아 유감스럽게 생각했습니다. 경제적인 측면을 떠나서 공해물질을 재사용한다는 취지로 생산한 것이니, 인체에 유해하다면 사람이 직접 사용하지 않는 시설이나 공공의 부속건물의 건축자재로 쓰였으면 좋겠다고 생각했습니다.

　좋은 점은 바로 바로 교류하여 유익한 정보를 공유하면 좋았을 텐데, 그 시대에는 같은 지방끼리라도 정보를 공유하는 데 많은 시간이 필요하였으니 나라와 나라 사이의 교류는 더더욱 어려운 문제였겠지요.

　우리 일행은 처음부터 통일된 테마를 가지고 여행에 임하지 않았고 참가한 팀원이 연령의 차이와 여행에 대한 관심도가 개별적으로 달랐습니다. 그래서 각자의 관심사에 따라 개별 시간을 가진다면 단체생활에 있어 시간을 지체시키는 경우가 많아질 것이었습니다. 자신의 조그마한 행동으로 여행의 본래의 목적에 폐를 끼칠 수 있다는 것을 알리기 위하여 제가 먼저 행동으로 보였습니다.

　오늘은 처음으로 하는 관광 시간이라 앞으로 여러 번에 걸쳐 누구라도 범할 수 있는 행동을 먼저 보이기 위하여 시간을 지체했습니다. 일행들에게 자신의 개인적인 욕망으로 단체 생활에 폐를 끼쳐서는 안 된다는 가이드 라인을 먼저 보여주었습니다.

　오늘 자전거 타고 가는 도로 주변에 폐타이어를 이용한 자연보호와 도로 미관을 정리하고 안전보호 기구를 이용한 시설물을 보고 좋은 느낌을 받았습니다.

제3장

절개지역의 보강공사

산업 폐기물 가운데 가장 많은 부분을 차지하고 가장 많은 공해를 유발하는 자동차 폐타이어의 처리 문제는 각 나라마다 가장 큰 골칫덩어리입니다. 소각하면 또 다른 공해를 발생하기에 태울 수도 없고 다른

자재로 재활용할 수도 없는 가장 큰 애물단지로 취급되는 물건입니다. 재활용되는 전용자재로도 사용할 수 없는데 이런 폐기물이 전용된 곳이 있어 눈여겨보았습니다.

도로를 개설하다 보면 절개지역이나 구조물 설치로 어쩔 수 없이 생기는 자연훼손 지역에 이렇게라도 폐타이어가 쓰일 수 있다는 것이 가상하다고 보입니다. 인간이 훼손한 자연에 인간이 만든 폐기물이 쓰이는 것입니다.

폐타이어로 이곳에 설치된 조형물은 시각적인 효과만을 기대한 것으로 보였습니다. 설치한 상징물은 각종 운동하는 이미지를 모형화한 것이라 설치예술로서 예술성에 초점을 맞추다 보니 사고 시 보호할 수 있는 위치에 있는 바리케이드(Road black) 부분에 폐타이어 사용이 적어, 실제 사고 시 보호를 받을 수 없을 것 같아 아쉬움이 있습니다. 표현의 소재를 폐타이어가 많이 들어가는 바다를 주제로 하였으면 좋을 뻔했습니다.

산과 바다라는 대칭도 좋아 보이고 산림의 훼손된 밑부분 제일 아랫부분(Road black)에 사람과 접해 보호를 받을 수 있는 면적이 도로의 아랫부분인 까닭에 바다를 연상하는 조형물은 많은 폐타이어를 소요하게 할 것이며, 훼손 면적이 길고 넓은 면적이라면 등대라던가 보트 같은 그 자리에 맞는 합당한 조형물을 찾아 설치한다면 예술성도 강조할 수 있고 자연을 훼손한 절개 부분도 넓은 지역을 커버할 수 있어 좋다고 생각합니다. 천재지변과 폭우로 인한 산사태에도 대응할 수도 있고 더 많은 폐기물을 소화할 수 있지 않았겠나 하는 욕심도 가져봤습니다.

연암 선생이 벽돌과 우마차의 바퀴를 감탄하였다면 저는 폐타이어로써 일석이조의 효과를 가진 설치예술에 감동 받을 수 있었습니다. 이것이 이 여행에서 하나 얻어지는 수확이라고 할 수 있겠습니다.

폐타이어는 우리나라에서도 부두 방파제 또는 선박에 접안되는 부분에 사용되지만 그건 극소수에 불과합니다. 적극적으로 제도화하여 처분하기 힘든 애물단지 폐타이어를 소비가 된 것을 배워서 우리나라에도 실행해볼 만한 일이라 생각됩니다.

우리나라의 전 국토의 70%가 산지이고 그 속에 도로를 만들며 생긴 절개지역이 많은 관계로 폐타이어 소비처가 많이 있는 것으로 압니다. 동기만 부여한다면 많은 소비가 이루어질 것 같습니다. 폐타이어 소재로 한 설치예술이나 행위예술에 경연대회를 가진다면 부존 자재(폐타이어)가 많이 소비되고 산림 훼손에 대한 복구작업이 아름다운 예술의 경연장으로 탈바꿈하는 효과도 기대할 수 있지 않을까 하는 견해도 가져봅니다.

제4장

고구려(호산) 산성 가는 길

해안도로에 접해 있는 진입도로에 새의 깃털의 이미지에 로켓형상의 조형품이 설치되어 있었습니다. 설치된 위치가 바다와 접해 있어 조형물의 이미지와 바다와 소재가 상통한 위치에 있었습니다. 조형물을 보는 안목은 없으나 실생활에(IT문화) 접목된 작품이었으면 더 좋은 작품이 되지 않을까 하는 생각을 가져봤습니다. 이 조각품은 지면에 고정되어 있었습니다. 지면과 접합 부분에 풍향에 따라 움직일 수 있는 베어링 역할을 하여 센서와 함께 부착하였으면 작은 풍력에도 따라서 움직이고 풍속도 기록될 수 있었고 이 작품에 맞는 음악도 흘러나오게 할 수도 있지 않을까 생각해 봤습니다.

황량한 들판에 바닷길과 접해 있는 곳에 이런 조각품은 제3의 공해방지시설이라고 보여집니다. 이런 시설물은 다른 시각으로 보면 더 큰

더 확실한 공해방지 시설이라 하겠습니다. 황량한 바다 갓길에 설치된 조각품은 마음을 열어 움츠렸던 심신을 달래주고 안정시켜줌으로 해서 힘을 더 나게 하는 것이 어쩌면 제3의 공해 방지 시설로 보여집니다.

바다 갓길에 설치된 것이라 바다에 날아가는 새들의 깃털이 움직이는 형상 같기도 하고 무한한 우주공간을 날아가는 로켓을 상징하는 것 같기도 합니다. 그림을 바라보는 안목 이전에 우리들이 타고 가는 자전거 길 위에 놓여 있어 힘차게 달려가라는 응원하는 몸짓으로 받아들여졌기에 피로한 발길질을 달래주었습니다.

사람의 안목이란 비슷한가 봅니다. 누가 멈춰라 하지 않아도 멈췄다가 가는가 봅니다. 지나가는 차량도 잠시 숨 돌리고 가는 것 같습니다. 작품이 좋은 공간에 위치하고 있어 휴식과 겸해서 작품을 감상할 수 있다는 것은 예술성 이전에 이런 공간을 통해서 작가와 대중과의 관계가 긴밀해짐으로써 예술발전에 토양이 되고 국민 정서를 순화시키는 밑거름이 됩니다. 이런 점을 감안하여 장소를 제공한 행정력에 감사함을 가지게 됩니다. 더군다나 외국에서 여행 온 우리들에게는 좋은 위로와 힘을 불어 넣어주고 위치를 알려주는 이정표 역할도 할 수 있는 조형물이었습니다.

조각품의 예술성은 전시된 장소와 밀접한 관계가 있습니다. 놓여진 방향이 압록강 강변에서 거슬러 올라가는 물길 위에 위치하고 있었습니다. 작가가 표현하고자 하는 작품의 성향도 모르면서 작품이 놓여져 있는 장소와 방향에만 관심을 가져 작품을 감상하게 되었습니다.

햇빛을 받았을 때 시시각각으로 변하여 어떤 모습으로 다가올까 하는 궁금증이 일고, 강물에 거슬러 올라가는 위치에 놓여져 있다는 것이 역사를 되돌리려는 표현이라면 아픈 역사를 가진 우리 민족에게는 또 다른 감정으로 다가와 예사롭지 않게 보여졌습니다.

압록강은 중국과 한국을 경계하고 있지만 강을 건너 지척에 두고 네 나라 네 민족이 살고 있습니다. 분단의 산하를 보는 마음은 이 조각품

을 다른 시선으로 보게 하였습니다. 역사를 되돌리려는 힘찬 팔뚝으로 노 젓는 생동감은 우리들의 아픈 역사를 되돌리려는 것 같이 보여져 그 힘찬 팔뚝에 힘을 보태고 싶습니다.

거기에 보조를 맞춘 자전거 바퀴는 압록강 건너편에 시선을 멈추게 합니다.

또 한 곳에 있는 돛단배의 조각품은 강 건너를 바라보는 곳에 있었습니다. 돛단배의 깃발에서 집 떠나온 지 오래된 나그네의 그리움을 느낄 수 있게 표현하였습니다. 몇 년 전만 하더라도 여행 일정을 볼 때 앞으로 남은 날짜가 며칠밖에 안 남았구나 하고 흘러간 시간이 아깝다고만 생각하고 다가오는 일정에 기대만 하게 되었는데, 이제 나이가 80을 훌쩍 넘고 보니 언제부터인가 여행 일정을 보는 감각이 그때와 달라지게 되었습니다.

집 떠난 지가 며칠밖에 되지 않았는데 떠나온 일자가 아주 멀어진 것처럼 느껴져 여행 일정이 얼마 남았다는 계산보다 며칠 있으면 집에 갈 수 있느냐에 집 떠나온 시간을 더 계산하게 됩니다.

여행 떠나온 지 일주일도 되지 않는데 벌써 이런 조각품을 보면 가족들이 생각나고 돌아갈 날을 기다리게 되는 것은 조각품이 보여주고자 하는 것이 아닐까 했지만, 역시 연령 차이에서 오는 느낌이 아닐까 하고도 생각해 봅니다. 몇 년 전만 해도 돛단배 돛이 앞으로 나아가는 진행 방향으로만 보였는데 어찌 된 것인지 돛이 되돌아가는 방향으로만 보이게 됩니다.

돌아가는 것으로 생각하게 되는 것은 향수심 이전에 연령에서 오는 감정이 아니라고 부정하고 싶었습니다. 이런 마음을 가지게 된 것은 연암 선생이 『열하일기』 속 도강록에 이렇게 읊었다고 합니다.

외로운 성에 비는 쏟아지는데
망망한 갈대밭에 변방 해가 어두워간다.
쌍나팔 소리에 말이 따라 울고.
아득한 구름 속에 고국이 멀어간다.
강가의 군리는 모래 머리에서 돌아오고.
압록강 고기새는 물이 경계를 나누고
집과 고국의 소식 이제부터 끊어지니
그리운 생각 참으면 한정 없이 걸어간다.

제5장

현수막과 기념패

이번 『열하일기』 여행도 예외 없이 현수막을 제작했습니다. 여러 문안
이 떠올랐지만 연암 선생이 지어주신 대로 『열하일기』그 길을 따라 자
전거를 타고 간다'는 내용으로 하였습니다. 현수막을 자전거를 타고 다
니며 가방 속에 항상 넣고 다녀야 하기 때문에 첫째로는 무게가 가벼워
야 합니다. 둘째, 보관과 사용 후 처리가 용이하여야 합니다. 셋째, 가
격이 자전거 여행객에게 부담스럽지 않아야 합니다. 넷째, 대중성입니
다. 즉 어디서든지 쉽게 제작할 수 있으며 제작 시간도 소요되지 않아
야 합니다.

현수막과 기념패는 네 가지 조건을 모두 충족하는 물품이었습니다.
특별히 좋았던 점은 영원히 기념이 되는 점과 그 현수막에 담긴 내용으
로 서로 뜻을 모을 수 있고 외부와 교감을 나눌 징검다리 역할도 할 수
있어 좋았습니다.

못말리는 사람들의
열하일기
그 길위에 바퀴자국 남기다!

대장: 역 말 (김성식)
우연이(임양자) 뭘 웜 (서왕신) 발기호(조기환) 난사랭(강환성) 용 진 (김환기)
패달스(차광석) 제임스(임재건) 씨 캡 (이용태) 소피아(이희숙) 두발로(김영일)

단동~펑청시~난펀구~랴오닝시~선양시~진저우시~
친황나오~베이징~미윈현~칭더시~친황다오.
2019.06.14 ~ 07.11

낯선 곳에 방문하였을 때 그곳에서 기념사진을 찍게 됩니다. 소위 말해서 인증사진이라는 것이지요. 그냥 찍는 것보단 현수막을 배경으로 사진을 남기면 이런 모임이 이런 목적으로 여행한다는 것을 사진 한 장으로 잘 표현할 수 있습니다. 출발 전에 이 여행을 표현하는 슬로건을 무엇으로 하면 좋을지 의견을 묻는 과정을 거쳐 여행의 콘셉트에 맞게 정해진 문안대로 현수막 제작을 하게 됩니다.

이번 여행은 『열하일기』가 주제이고 그 길 위에 자전거 바퀴 자국을 남기는 것이 우리들의 목적입니다. 현수막 외에 제작하여 더욱 유익하게 쓰이는 것은 현수막을 축소한 기념패입니다. 작은 수건 크기로 1인당 5매 정도로 제작하여 나누어 가짐으로써 개인이 필요에 따라 사용하도록 합니다.

어떤 대원은 그 기념패에 현지인에게 사인을 받고, 어떤 대원은 고맙게 인연을 맺을 수 있는 분에게 목에 걸어주어 기념으로 드립니다. 더 이상 기분 좋을 수 없지요. 기뻐하는 모습은 우리들 자신에게도 기쁨이 전가되어 기분 좋은 만남의 정을 심어주고 오게 됩니다.

기념패 만든 비용은 1장에 커피 한 잔 값도 되지 않지만 그 효능은 몇 갑절이나 합니다. 물건의 값어치를 따지기 전에 이곳에 한국인이 와 인연을 맺었다는 증표로 주는 것인데 받는 사람은 다르게 확대 해석하는가 봅니다.

영원성의 호텔에 사인을 받는 자리에 한 장을 선물을 하였습니다. 그랬더니 헤어지는 마당에 자전거를 타고 출발하는 곳까지 따라 나와서 흔들어 주는 손이 시야에 사라질 때까지 감사를 표시 하더군요.

호텔 사장에게 현수막을 축소한 목수건 크기의 페넌트(pennant)를 기념품으로 선물하였습니다. 젊은 여사장이 나와서 함께 기념사진을 찍자고 했습니다. 안내 데스크 앞에 붙이면 좋을 것이라고 했더니 자기 책상 앞에 붙이겠다고 하네요. 돌아가실 때 꼭 들러달라고 하시면서 지나친 감사에 오히려 부담스러웠습니다.

저는 남이 따르지 못할 정도로 인색한 사람입니다. 그 점에 둘째가라면 서러울 정도로 못난 사람입니다. 그러나 현수막은 언제 어느 팀이라도 제 자비로 준비합니다. 단골 현수막 제작하는 곳이 있어 어디에 여행가게 된다고 행선지와 날짜만 이야기하면 사장님이 알아서 디자인까지 해서 제작하여주시는 것이 고마워서 다녀와서 꼭 귀국보고를 하게 됩니다.

해외에서나 어디서나 현수막을 배경해서 사진 찍을 곳이라면 기념될 만한 곳이고 주위에 사람이 있기 마련이지요. 주위의 사람을 끌어들여 함께 사진 촬영하자면 싫어하는 사람은 없었습니다. 언어로 소통되지 않는 곳이라면 현수막을 매개로 자연스럽게 의사소통하는 구실도 하게 됩니다.

2015년 6월에 발칸 반도 자전거 여행 시 노르웨이 어느 가정에서 환대를 받은 기회가 있었습니다. 처음에 접근할 때 멋진 바닷가 풍경 속에 잘 어울리는 대저택과 바다가 보이는 곳에서 잘 가꾸어진 정원을 보게 되어 감사를 드리면서 정원을 배경으로 하여 사진을 찍고 싶다고 먼저 양해를 구하였습니다. 그 정원 안에서 현수막을 걸어놓고 사진 찍는 자리에서 집 주인과 합석하게 되어 사진을 서로 교환하다가 그 자리에 텐트를 설치해도 된다는 이야기까지 발전하게 되었습니다. 어쩌다 보니까 바닷가 파도 소리를 들으며 하룻밤을 보낸 행운까지 얻게 되었음은 현수막이 주는 효과라 하겠습니다.

시작은 미미하였으나 결과는 창대하였습니다.

100평이 넘는 정원은 바닷가 바위가 돌출된 것을 자연 그대로 살려 파도가 밀려오는 것을 조망할 수 있는 위치에 있었습니다. 자전거를 끌고 들어가지 못할 정도로 조용하면서도 아담하게 잘 가꾸어진 잔디 위에 자전거를 끌고 들어가기에 미안한 마음이 생겨 자전거를 한쪽 구석에 매어놓으니, 그것을 보고 주인이 매우 흡족해하는 눈치였습니다.

아침 식사까지 준비하여주신 주인에게 감사함을 표시하는 자리에 하회탈을 선물하게 되었습니다. 감사하는 마음은 하회탈보다 확실하게 선물한 것이 있었습니다. 이곳의 사람들은 통상적으로 빵 한 조각과 커피 한 잔으로 아침을 대신하지만 우리들의 식성은 더군다나 자전거 타는 사람들의 식성은 빵으로 해결이 될 일이 아닙니다. 아침 식사하는 자리에서 주인이 두세 번 구워내는 빵이 동이 났습니다. 휘둥그레진 눈

으로 이제는 어쩔 수 없다는 표정이었습니다. 맛있게 먹는 모습을 보여
드린 것이 무례한 선물이 되지 않았을까 생각하게 됩니다.

　한국 고유의 민속품을 받자 만족하였는지 자기가 수집하는 취향의 물
품의 성격과 상통한다는 뜻으로 하회탈과 부채를 소중하게 보고 있었
습니다. 식사가 끝나고 우리들에게 자기가 소장하고 있는 수집된 민속
품을 보여주었습니다. 놀라운 것은 이 집의 부속건물에 개인이 소장하
고 있는 민속품이 박물관 수준이었습니다. 노르웨이의 민속품을 감상
할 기회도 있었습니다. 주인이 소장하고 있는 민속품이 다양하게 많았
으나 하나하나 들춰볼 시간도 없었습니다. 함께한 일지매 님이 노르웨
이의 특유의 배 모형으로 만든 나막신을 유심히 보고 있어 주인이 하나
가져도 된다는 몸짓으로 보여주셨지만 여행 중이라 사양했습니다.

현지인과 교감하게 해주는 작은 선물

여행 다닐 때 준비할 것은 현지인과 교감하고 스킨십 할 수 있는 조그마한 소품은 전체 여행경비에 차지하는 비중이 얼마 되지 않으니 꼭 챙겨 가시기를 부탁드립니다.

제가 해외여행 다닐 때마다 꼭 챙기고 다니는 물품은 손톱깎이입니다. 세계적으로 유명한 상품으로 공인된 손톱깎이는 가격도 싸고 부피도 적어 선택의 여지 없는 물품입니다. 하회탈이나 한국의 장구, 거문고 같은 소품이나 인형은 남대문시장에서 구입하면 1만 원 미만의 가격으로 구입이 가능합니다. 장구나 거문고 모양 소품은 고급스럽고 값어치는 있으나 보관하고 다니기에 부담스러워서 지참하고 다니기에는 적당하지 않아 가장 손쉬운 것은 한국의 손부채입니다.

손부채는 우리나라의 전통 공예품으로 사용가치도 있지만 무엇보다 설치 예술품으로서 훌륭한 장식품으로 대접받는 물품입니다. 한 장에 2,000원 미만으로 값싼 가격에 구입이 가능합니다. 가볍고 보관하기 좋은 장점을 가진 물품이라 꼭 권장하고 싶습니다.

제2부

고구려 산성
(高句麗 山城)

자전거 안장 위의 단상

자전거 모임에 회원으로 등록은 닉네임으로 신고하게 됩니다.
등록할 때 나이도 묻지 않고 출신 성분도 묻지 않습니다.
가상의 이름으로 출생신고를 한 셈이 되어
닉네임으로 불리게 되고 새롭게 활동할 수 있는 영역을 부여받게 됩니다.
그 세계는 등록세도 없고 주민세도 내지 않는
가상의 세계 클라우드의 세계입니다.

다른 어떤 세계와 클라우드 세계와는 문지방도 다른 곳입니다.
어디서 무엇을 배웠나 하는 학교 문지방도 묻지 않고
문빠냐 박통이냐 출신성분도 따지지도 않는 곳입니다.
어느 누구가 좋아하는 추천서나 자격증을 보자는 소리도 하지 않는 곳입니다.
얼마나 가지고 있느냐 없느냐 하는 등기부도 보자는 소리도 하지 않는 곳입니다.
그러한 클라우드의 세계는 인간 세상에 어디에도 없다고 한다면

본래의 이름 김성식으로 살아가는 한 세상과
닉네임으로 등록한 덕암으로 살아가는 클라우드 세계는
같은 시대 같은 공간에 함께 살아간다는 것은
두 세상을 한 사람의 몫으로 살아간다는 것으로
혜택은 두 배로 누리게 되어 기쁨은 두 배가 되고
 슬픔은 둘로 나누게 되면 반으로 줄어들게 됩니다.

한 사람이 한 세상으로 살아가야 함에도 두 사람의 몫으로 살아간다는 것은
이번 여행 때는 써컴이라는 이름으로 즐기고 여행에 대한
아름다웠던 추억은 본 이름 이용태와 김성식으로 축적될 것입니다.

2019년 11월
『열하일기』 자전거 안장 위에서

제1장

압록강은 유유히 흘렀다

중국 여행은 항공편으로 이용하여 수차례 하였지만 여객선을 이용한
바닷길 여행은 이번까지 세 번째인 것으로 기억합니다.

첫 번째 여행은 중국과 처음으로 수교한 후 28년 전(한 · 중수교 1992
년), 그때는 중국의 여행의 기초적인 시설이 조성되지 않았던 시점이라
관광이라기보다는 다른 데 관심이 있었습니다. 가장 관심이 많았던 것
은 6.25 사변을 겪어 왔던 우리들 세대는 중국은 철의 장막 속이라는 철
갑으로 무장된 세상으로 알고 있었기에, 그 안으로 들어갈 수 없다는
통념을 가지고 산 지 30여 년이 되었습니다. 반공을 국시의 제일로 삼
아 철저히 받아온 방공이념 교육으로 세뇌된 우리들 세대에게 그곳은
괴물과 살인마들이 사는 곳이었습니다. 당시에는 그런 곳에 자유롭게
드나들 수 있다는 것 자체가 모험이었고 더군다나 압록강에서 강 건너
이지만 이북을 바라볼 수 있다는 것과 우리나라의 단군의 성지 백두산

만리장성을 넘다

을 오를 수 있다는 경이로운 일에 가슴 벅찬 감회로 남은 것이 그 첫 번째 여행으로 기억됩니다.

두 번째도 단둥에서 태산이 높다 하되(泰山高爲 天下之山)라는 양사은의 시 구절을 따라 태산을 오를 수 있었고 공자의 고향 취푸를 경유해서 맹모가 세 번이나 이사한 집에 들러보고 가는 짧은 여행이었습니다. 이때에도 선박을 이용함으로써 항공편에 자전거를 휴대하고 가는 불편함을 면할 수 있었습니다. 인천에서 단둥 뱃길을 이용하면 경비도 절감하고 배를 타고 가는 느긋함에 자기 집 안방에서 자듯 하룻밤을 자고 나면 새벽을 맞이할 수 있습니다. 자기 집 문밖 출입하는 것처럼 여유로움을 가질 수 있었습니다.

그러나 두 번째의 여행의 끝마무리는 그렇지 못하였습니다. 지금은 형편이 좀 다릅니다만 그때는 가이드 없이 지도 한 장 들고 손짓 발짓으로 하는 여행이었어도 웬만한 것은 불편함이 없이 다 해결해나갈 수 있었습니다. '다행히 이번 여행도 무사히 마치려나' 하였는데 출발 하루 앞두고 돌아가는 배편 예약하는 과정에 가장 중요한 여권을 잃어버린 것을 확인하게 되어 앞이 캄캄한 절박함을 당하게 되었습니다.

이것은 손짓과 발짓으로 해결할 문제가 아니었습니다. 국제 미아가 되든지 다시 여권을 발급받을 때까지 혼자 남아 묶여 있든지. 난감하였습니다. 그때 마침 구세주가 나타났습니다. 스타는 막장에서 나타난다고 일행 중에 베이징대학교 교수로 재직하였던 분이 있어 유창한 본토 발음으로 해결할 수 있어 국제 미아를 면할 수 있었습니다.

중국어를 이렇게 유창하게 할 수 있으면서도 왜 그동안 언어로 인해 어려움을 겪었을 때 도움을 주지 않았느냐고 했더니 하시는 말씀이 걸작이지요. 자기가 말을 해도 제가 하는 몸짓 언어(보디랭귀지)보다 더 명확히 의사를 전달할 수 없어 통역할 필요가 없었다고 합니다. 나도 모르게 하품이 나오더군요. 때에 따라 용기 있는 무식이 유식을 능가할 때도 있구나 하고 어깨에 힘을 주었습니다.

이번의 『열하일기』 행적을 답사하는 바닷길 여행은 어떤 용기가 필요할지 모르지만 그런 시련은 없으리라 봅니다. 7년 전에 히말라야를 함께 여행하였던 덕암 님이 여행을 주선하셨는데, 덕암 님은 중국 쪽을 깊게 여행하기 위해서는 중국어를 배워야겠다고 그간에 어학연수를 겸하여 중국 쪽을 여러 번에 걸쳐 집중적으로 관광하면서 현장에서 언어를 터득하셨기에 이번 여행에서는 어느 정도 불편 없이 의사소통할 수 있게 되었습니다. 그러니 저의 현란한 발짓 손짓의 언어는 안 써도 될 수 있다 하여 한시름 놓고 여행에 참가하게 되었습니다.

선박 여객 여행은 이런 점이 있어 좋았습니다. 잠자는 시간에 이동하게 되어 시간을 유용하게 쓸 수 있었습니다. 인천에서 오후 8시에 출항하여 다음 날 아침 7시에 단둥에 도착하여 잠자는 시간에 이동하게 되었습니다. 세관원이 출근하는 시간에 맞춰 입국심사를 마치고 곧바로 자전거에 올라탈 수 있었습니다. 선박으로 이동하여 자전거를 분해조립도 할 필요 없고 가지고 가는 화물도 여유로웠습니다.

배에서 내리는 곳이 압록강 하구와 가까운 곳이었습니다. 배에서 내리자마자 자전거에 다리만 걸치면 바로 출발할 수 있어 여행이 아니라

이웃 마을 나들이 하는 것 같았습니다. 잘 정리된 강둑 따라 강바람을 맞으며 이북 땅을 바라보면서 달려 나갈 수 있었습니다.

유유히 흐르는 강물은 남과 북으로 갈라진 민족의 아픈 상처를 알 리 없지요. 6.25사변 시절 단교되었던 철교는 아직도 그때의 비극의 상처를 그대로 가지고 있었습니다. 이 길을 그대로 달린다면 한중 교역으로 새롭게 놓인 '중조우의교'를 건너 10여 분이면 능히 건너갈 수 있는 내 나라 내 국토이지만 바라만 보고 가는 마음은 여기에서도 "철마는 달리고 싶다"였습니다.

두 개의 철교가 이상하리만치 나란히 있었습니다. 한쪽은 중국 쪽에서 부르기를 '중조우의교'라 하여 새롭게 놓여져 제 기능을 하고 있지만, 한쪽은 1950년 6월 25일, 북한이 남한을 침략할 당시 한반도가 38

선이라는 선으로 남북으로 나누어져 있었듯, 이 철교도 남북으로 절단 되어 있었습니다. 하루빨리 복원되어 민족의 한을 풀어야 된다는 숙원 을 보여주고 있었습니다.

절단된 부분은 어쩌다 한국 쪽에서 중국 쪽으로 절단된 듯이 보여 예 사롭지 않았습니다. 이 다리가 하루빨리 복원되어서 가고 오고 하는 쌍 철로 이용되어 부산에서 출발하여 백두산까지 한달음에 자전거를 따고 국토 종주할 수 있었으면 하는 염원입니다.

하지만 주위의 열강들이 그것을 바라만 보고 있겠습니까? 이쪽 중국 쪽에서는 '동북아공조'라고 혈안이고 남북이 통일되면 지정학적으로 이 해 당사국들이 가만히 두고 보지는 않을 것입니다.

배에서 내리니 선박 안에서 밤새 움츠렸던 몸을 활짝 펴게 되어 심신 도 상쾌합니다. 까다롭지 않은 입국수속을 마치고 바로 압록강 맑은 물

에서 실려 오는 내 나라 내 민족의 냄새를 맡으며 잘 정리된 강가를 달리면서 이북을 관망하는 자전거 라이딩의 묘미가 있습니다.

자전거를 세우지 않고 내친김에 중조우의교를 건너면 10분 이내에 이북에 입국할 수 있으리라 봅니다. 아직까지 세계의 어느 나라 어느 곳을 가도 자전거로 다니지 못하게 통제받는 곳이 없었는데 딱 이곳이 처음이었습니다.

세계에서 유일하게 폐쇄된 곳이고 바꾸어 말하면 코로나도 뚫지 못하는 철의 장막이었습니다. 코로나 방역으로 바다의 소금도 채취 못 하게 근절 시킨다면서 중조무역으로 살아가는 생명선은 이어갈 수 있는지 의문스럽습니다. 그곳에서는 사람이 살지 않는 곳인가 봅니다. 사람의 행세를 하고 사는 사람이 없으니 코로나도 비켜가는가 봅니다.

제 2 장

호산 산성(虎山 山城)

그곳에 만리장성과 함께 고구려 산성(호산산성)도 있었다

단둥에서 출발하여 북경을 거쳐 열하까지 자전거를 타고 가는 여행은 연암 박지원 일행들의 숨결을 그대로 느껴보는 여행입니다. 무엇을 보고 무엇을 찾아 다녔는지를 1780년 그때 그 시절 사람으로 환생하여 다시 태어난 사람의 눈으로 보는 여행이 되어야 했습니다.

그 시절을 직접 눈으로 확인하고 검증해가면서 다닐 수 있게 하는 안장 위에서 설계하고 안장 위에서 쉬어가는 29일간의 여행이 될 수 있는 것은 오직 자전거 여행만이 가지는 특성이었습니다. 그 점을 철저히 이용하겠다고 오늘 첫 발부터 마치는 그날까지 각오를 단단히 다짐하고 출발하였습니다.

옛 선인들(연암 박지원)이 걸어서 도보로 오천 리 길을(2,000km) 6개

월 동안 쉼 없이 걸어 다닌 것에 비춰볼 때 우리들의 여행은 그의 10분의 일도 못 미치는 일이라 생각이 들었습니다.

걸어서 가는 대장정의 여행이란 것은 일상에서 뛰쳐나와 새롭게 다시 태어나는 용기와 지혜가 있어야 하는 행위라고 보입니다. 그 시절에는 의사를 전달하는 통신기구도 없었습니다. 길을 안내하는 지도도 없어 하늘의 별자리로 대신하였으며, 운신하는 데에도 기계의 문명의 혜택을 입을 수 없이 자기 자신의 두 발로 다니고 기껏 도움을 받을 수 있는 것은 네 다리를 가진 말(馬) 뿐이었습니다. 말의 도움을 받기 위해서는, 그 이전에 먹여주고 거두어줘야 하는 짐이 되어 단체로 다니는 여행이 아니면 말(馬)은 오히려 덧짐이 될 때가 있었다고 합니다. 그래서 연암은 혼자서 다닐 때는 오직 자기의 능력만으로 다닌 것으로 알고 있습니다.

요즘은 그때와 달리 물질문명이 발달되어 기초적인 보안시설이 되어 있으니 생명을 위협하는 요소는 거의 없는 환경이라 조금만 생각을 달리하면 능히 자기 자신의 몸만으로도 모든 것을 감당할 수 있습니다.

저에게는 이런 마음가짐이 생활의 기본이 되어 있었습니다. 자전거는 옛것에 비해 첨단 신 소재로 만들어져 굴림성도 좋고 기동성이 있습니다. 무게도 반밖에 나가지 않는 10kg대라서 힘들이지 않고 옮겨 다닐 수 있습니다. 중요하게 쓰이는 비품(침낭, 텐트, 취사도구) 일절을 다 갖추어 다닌다 하여도 무게는 부담이 되지 않습니다. 오히려 적당한 무게가 안전한 자전거 타기에 도움이 될 수 있습니다.

자전거를 타고 다니면 어디를 가나 생활이 풍요로워 천하가 자기 잠자리가 될 수 있었고 생명을 이어주는 산천초목이 전부 알찬 먹거리가 될 수 있었습니다.

만국공통어인 현란한 몸짓 발짓으로 의사소통할 수 있었고 조금 더 준비한다면 전화기에 통역 앱을 깔아 문학의 이기를 이용하면 전문성 있는 의사소통도 가능합니다. 또한 길잡이로 친절하게 안내하는 내비게이션을 전화기에 깔아두면 잘못 가지 않도록 바르게 안내하는 것을 따라갈 수 있습니다. 어디든지 두 다리만 올려 놓으면 가고 싶을 때 가고 오고 싶을 때 올 수 있는 자전거가 항상 붙어 있어 걱정할 것 없습니다.

자전거 타고 여행한다고 하면 대다수의 사람들은 걸어서 다녀도 힘이 드는데 어떻게 자전거를 타고 여행을 하냐면서 이해할 수 없다고 말씀하십니다. 자전거 타고 여행하는 것을 선망의 눈길로 보시는 분도 계십니다. 반면에 처음부터 위험하고 고생스럽다고 부정적으로 보시는 분들도 계십니다. 제가 후자의 부류에 속했던 사람이었습니다.

저는 자전거 타기를 누구의 권고로 시작한 것은 아닙니다. 어느 날, 현관문 앞에 자전거가 놓여져 있기에 물었더니 자식놈이 운동할 목적으로 장만한 것이라 하여 그렇게만 알았습니다. 그런데 며칠이 지나도록 그 자리 그 모양으로 자리만 차지하고 있어, 옮겨 놓는다고 안장 위에 올라탄 것이 화근이 되어 오늘날까지 그 안장 위에서 내려오지 못하고 있습니다.

남보다 늦게 시작하였으니 더 열심히 한다고 내 나름대로 열과 성의를 다했습니다. 배운 지 1년 정도 되니까 쇠로 만든 자전거도 애완동물처럼 정을 주게 되니 생명이 불어넣어진 생물이 되어 나의 육신의 한 부분같이 느껴졌습니다.

　한 살이라도 젊을 때, 한 순간이라도 더 참을성 있을 때 시작한다고 74세에 감히 히말라야산맥을 도전하여 EBC camp1을 자전거로 넘었습니다. 그리고 보니 지구촌 어디라도 자전거로 가는 것에 주저함이 없어졌습니다.

　여기 『열하일기』 그 길로 가는 중국 여행도 낯설지 않습니다. 7년 전에 손오공이 갔던 서유기의 길을 따라 만리장성의 서쪽 끝인 티베트의 가욕관의 끝자락까지 갔던 것도 자전거 여행이었습니다. 이번 여행도 만리장성과 겹치는 『열하일기』 가는 길이라면 그때와 비슷하리라 생각하고 도전하게 되었습니다. 훌륭한 동료들과 이끌어주시는 덕암 대장 이하 여러분들이 있어 만리장성 동북쪽을 완주하게 되어 만리장성의 전체를 종주하는 행운을 얻은 셈이 되었습니다.

제3장

자전거로 당뇨 고개를 넘다

만리장성보다 더 넘기 힘들다는 당뇨를 자전거로 넘었습니다. 처음에 자전거 타기에 도전하게 되었던 것은 단순한 호기심과 여가 시간을 보내기 위함이었습니다. 규칙적으로 매일 조금씩 동네 외곽 도로를 돌아서 청계산 입구까지 왕복하는 30km 정도를 자전거를 타던 중 조금씩 익숙해지는 것 같아 지루함을 없애기 위해 재미 삼아 주행 기록을 체크하게 되었습니다. 그러니 하루하루 발전해가는 모습을 보게 되었습니다.

저는 3개월마다 당뇨 정기 검사를 받는 자리에서 담당 선생님의 몇 가지 신상에 대한 질문을 받게 되었습니다. 지난 의료 검사지와 대조하면서 단시간에 안정적인 혈당수치로 변한 것에 의아해 하셨던 것입니다. 특별하게 약물치료나 물리치료 한 것도 없는데 결과가 좋다면서 의사 선생님이 지금과 같은 생활 태도로 계속적인 관리를 하라는 격려를 받았습니다.

저는 60대 후반부터 당뇨 질환이 있었습니다. 심각한 수준이 아니지만 관리를 요하는 정도였습니다. 발병한 지 10년이나 경과하는 동안 꾸준히 내복약으로 당뇨를 관리하였으나 만족할 만한 결과를 얻지 못하고 항상 그 정도로 발목이 잡혀 있었습니다. 신상에 관한 일이라 무시할 수도 없고 관리를 하려면 일상생활에 불편함도 가져 늘 자유롭지 못하였습니다.

병원에서 돌아오는 길에 생각해보니, 전과 다르게 특별히 먹은 약도 없고 음식물 섭취나 일상생활 습관에서 달라진 것은 없었으니 굳이 원인을 찾는다면 자전거 타기인 것 같았습니다. 하루에 조금씩 한 것밖에 없는데 그런 결과를 얻었다는 것에 고무되어 지속적인 운동을 하게 되었습니다.

운동으로 얻어지는 결과인 것이 믿어지지 않아 확실하게 증명하기 위해서 10년 동안 먹었던 약도 끊고 자전거에만 의존해봤습니다. 결과치는 대만족이었습니다. 당뇨에서 해방되었으니 음식 조절이나 약물 복용도 하지 않고 자전거를 타기로 했습니다. 약을 대신하여 자전거를 탄다는 생각 이전에 건강을 보전하기 위해서 약물을 복용한다고 생각하고 또 10년을 넘겨봤습니다. 현재까지 앞으로도 이 수준에서 살아갈 것 같습니다.

약물 복용으로부터 해방된 것보다 자전거 타면서 더욱 보람을 느끼는 것은 새로운 동료들이 생겼다는 점입니다. 그렇지 않아도 나이가 들어가니 주위에 친구들이 하나둘씩 멀어져가는데 자전거 타기를 함으로써 새롭게 만나는 동우회가 생겨서 좋았습니다. 다만 동년배가 없고 나이 차이가 있는 젊은이들과 함께 호흡을 맞춰야 된다는 부담감이 있어, 이 것만 잘 넘기면 될 것 같았습니다. 나이 차이가 많게는 30년이 나고, 적 게 차이가 난다고 해도 10년 안팎입니다. 그 연령대와 한 그룹 안에서 경쟁하다 보니 그들과 호흡을 맞출 나 자신의 체력 연마가 최우선시 되 어야 했고 생각하는 것도 그들과 리듬을 맞출 수 있도록 의식의 변화가 필요했습니다. 그들과 어울릴 수 있는 아량을 가지기 위해서는 의식의 차이를 극복해야 했습니다. 그 그룹에 소속되기 위한 것이 삶의 가장 큰 목적이 되고 보니 당뇨 조절은 그다음의 후순위였습니다. 그러다 보 니 제 주제도 잊어버리고 젊은이들과 한통속이 된 것처럼 착각 속에 살 게 되었고, '주제 넘은 늙은이'가 되었습니다.

다행스러운 것은 자전거 복장이 다른 운동과 달리 마스크를 꼭 하게 된다는 것입니다. 요즘은 코로나 때문에 방역 관계로 자전거를 타지 않 아도 마스크를 써야 했지만 자전거를 탈 때에는 원래 목수건으로 입을 가리는 것이 필수였습니다.

첫 번째 만남부터 얼굴 가리고 만났으니 일부러 얼굴을 보여주지 않 는다면 언제나 베일 속의 얼굴이 됩니다. 자기소개도 본명이 아닌 닉네 임(Nickname)으로 합니다. 부르기도 쉽고 기억하기도 쉬운 닉네임으 로 부르니 서로가 다가가기도 좋아서 노소(老小)가 없이 편해지기 때문 에 마인드 컨트롤(Mind control)이라는 벽만 넘으면 되었습니다. 그 결 과, 20~30대처럼 더 젊게, 마음도 몸도 그 수준에 맞춘 새로운 인생으 로 살아가는 사람으로 재탄생하게 되었습니다.

출생신고, 새로운 생명체로 등록!

어느 클럽 어느 동우회에서도 자전거 타는 모임에서는 가입에 따른 절차는 간단하였습니다. 인터넷으로 동우회 회원 신청만 하면 되었습니다. 요즘은 개인 사생활 보호한다는 차원에서 생년월일 기입하는 란도 주거하는 곳도, 묻지도 않고 알려고도 하지 않습니다.

동우회에서 활동하는 행사는 동우회에서 지정하는 장소와 시간에 맞추어 출석만 하면 그 일원으로 행세하게 되어 어느 곳 어느 장소에서 출발하고 어디에서 마치게 된다는 그날의 스케줄에 따라 인도하는 대로 따르면 되었습니다. 자기소개도 필요 없습니다. 묻지도 않고 알려고도 하지 않습니다.

모임에 새로운 닉네임으로 신고를 하면 그 이름으로 등록이 되어 출생 신고를 한 셈이 되어 새로운 이름으로 불리게 되고 새롭게 활동할 수 있는 영역을 부여받게 됩니다. 그 세계는 등록세도 없고 주민세도 내지 않는 가상의 세계, 클라우드의 세계입니다.

그 세계는 혹자가 말하는 4차원의 세계인 클라우드 세계와는 문지방이 다른 곳입니다. 어느 학교 어디서 무엇을 배웠나 하는 학교 문지방도 묻지 않는 곳입니다. 이곳에 등록하기 위하여 문빠냐 박통이냐 출신 성분도 따지지도 않습니다. 추천서나 자격증을 보자는 소리도 하지 않는 곳입니다. 얼마나 가지고 있느냐 없느냐 하는 등기부도 보자는 소리도 하지 않는 곳입니다. 그러한 4차원의 클라우드의 세계는 인간 세상에 어디에도 없다고 한다면 자기의 마음속에 있는 이상향을 찾으면 되었습니다.

본래의 이름 이용태로 살아가는 한 세상과 닉네임으로 등록한 써컴으로 살아가는 가상의 세계는 같은 시대 같은 공간에서 함께 살아간다는 것이 되어 두 가지 세상을 한 사람의 몫으로 살아가는 것으로 혜택은 두 배로 누리게 됨으로 기쁨은 두 배가 되고 슬픔은 반대로 둘로 나누게 되어 반으로 줄어들게 됩니다.

닉네임으로 신고한 가상의 세계에서는 권리와 의무도 없는 곳입니다. 가질 것도 없고 줄 것도 없는 클라우드 세계에서는 오직 규제되고 통제받지 않는 보이지도 않는 자기 자신만의 지켜야 할 룰만 지켜나가면 되었습니다. 이것에는 세금도 붙지 않습니다.

같은 세상이라도 클라우드에서 닉네임으로 보는 세상과 본래의 이름으로 보는 세상은 행복의 척도가 달라집니다. 이런 이야기는 자전거를 세워놓고 심각하게 새겨들어야 할 이야기입니다.

파랗기만 한 하늘의 색깔도 클라우드 세계에서는 붉게 물든 저녁노을의 빛깔로도 볼 수 있고 채색만 달리하면 또 다른 색깔의 세계로 변화해서 볼 수도 있었습니다. 지속되는 가상의 세계를 나 혼자 가지기에 벅찰 때도 있어 함께 나누는 세계는 피안의 세계로 다가와 그 속에서는 또 다른 나를 보게 됩니다.

한 사람이 두 사람의 몫으로 살아가게 됩니다. 이번 여행 때는 써컴이라는 이름으로 여행을 즐기고, 돌아가는 길에 가지고 가는 즐거웠던 이야기들과 여행에 대한 기록과 아름다웠던 추억은 이용태라는 본 이름으로 축적될 것입니다. 이 여행을 이끌어 주신 덕암 대장도 김성식이라는 본래의 이름으로 축적된 이야기를 함께 나누게 되었습니다. 그 자리에 이용태라는 본래의 이름으로 동석하게 되어 무한한 영광으로 생각합니다.

이번 여행에 새롭게 시작한 자전거 여행가 한 분이 있습니다. 안장 위에 오른 지 일주일밖에 되지 않은 분이 계십니다. 나이는 70세가 된 초노가 한 달간의 일정에 2,200km 코스를 도전하였습니다.

이분이야 말로 도전다운 도전을 하였습니다. 실행 가능한 것을 하는 것은 실행이지 도전이 아니라고 하시면서, 도전이란 가능성 여부를 떠나서 먼저 행동으로 옮겨놓고 보는 것이라고 하셨습니다. 우선은 시작부터 해보고 가능성은 차후에 생각하며, 자신이 최선을 다해본다는 것에 의미를 두고 하는 것이 도전이라고 생각하는 분이었습니다. 어쩌면 나와 생각하는 것이 근본은 같아 보였습니다. 실행 여부는 앞으로 지켜봐야겠지만 기대에 어긋나지 않을 것 같아 용감하게 덤벼들었다고 해서 닉네임을 용진이라 지어주고 제가 자청해서 후견인이 되어 가상의 세계, 클라우드 세상에 출생신고를 하게 했습니다.

앞으로 그 가상의 세계를 어떤 모양으로 운영하고 어떤 집을 지어서 어떤 가구를 들여놓고 생활할 것인지, 그것은 용진 님의 몫으로 넘깁니다. 저는 그가 독립된 공간의 풍요롭고 알찬 가상의 세상에서 행복한 살림살이를 하기를 바라는 마음으로 후원만 하면 됩니다. 이 여행이 끝나면 새롭게 탄생한 용진이라는 이름으로 첫 나들이를 하였으니 집들이 초청이 있을 것으로 알고 그때를 기다려볼 것입니다.

호산산성

　연산산맥에 있는 봉황산은 요녕성(랴오닝성) 4대 명산으로 높이가 836m의 산세로 수려하였습니다. 이곳에 호산산성이 위치하고 있어 이름대로 호랑이가 누워 있는 형태라 하여 호산산성이라 불리었다고 합니다. 짐작건대 내일 자전거를 타고 호랑이 등어리를 타고 가서 호랑이 코털을 뽑으러 갈 것 같습니다.

　호산산성

　호산산성은 고구려 시대에는 박작성(泊灼城)이라고도 불렸으며 요동(랴오둥)반도에서 평양성으로 이어지는 교통로를 방어하는 역할을 담당합니다. 외적의 침략에 대비하여 축성한 산성으로 애하(靉河)와 압록강의 합류지점의 돌출된 지점에 자리하고 있습니다.

우리 일행들이 압록강변 단둥에서 아침 일찍 출발하여 오전에 이곳에 도착하였으니, 거리는 30km 이내라고 짐작되었습니다. 어제 부두에 도착하여 자전거 상태를 점검하러 시운전으로 압록강변을 배회하다가 오늘부터 본격적으로 일정을 소화하기 위한 첫 라이딩을 하는 셈이 되었습니다.

첫 번째로 하는 라이딩에서는 앞으로 한 달 동안 대열의 순서와 보이지 않는 규칙이 정해지게 됩니다. 누구의 지시로 만들어지는 편대가 아니지만 여행이 끝나는 시점까지 첫 번째 라이딩에서의 순서가 암묵적으로 유지되는 것이 불문율입니다. 선두 다음에는 그 팀에서 보호를 받아야 할 가장 취약한 사람이 위치합니다.

정해진 자리는 아니지만 출발할 때 뒤따르는 사람은 자신의 앞사람을 찾게 됩니다. 그것이 서로 챙겨주고 보호해주는 역할도 하게 합니다.

출발할 때 앞사람이 안 보이면 찾게 되므로 만약 임의로 순서를 옮기게 되면 보호해주는 사람을 잃는 것이나 마찬가지입니다.

오늘 출발할 때부터 용진 님에게 선두 다음 자리를 지키기를 권하였습니다. 몇 번이나 그 자리에서 못 벗어나게 경고하였는데도 이탈하는 것을 보니, 그 자리가 어떤 자리이고 무슨 뜻이 있는 자리인지 모르는 모양입니다. 신출내기이지만 보호를 받을 만큼 허약한 사람이 아니라는 뜻으로 그 자리는 다른 사람에게 양보하는 미덕을 보였습니다.

오늘이 첫 공식 라이딩을 출발한 지 3일째 되는 날입니다. 연암 선생 일행들은 집 떠난 지 달포가 다 된 날짜에 이곳 압록강을 건너 호산산성 가는 입구에 도착했나 봅니다. 아무리 자전거를 탄 우리가 빠르다고 하지만 우리 일정보다 10일 이상 지체된 것은 우중에 책문에서 4일 동안 갇혀 있어 불어나는 강물에 도강할 수 없었기 때문이라고 기록되어 있었습니다.

호산산성 가는 길은 자전거 전용도로는 아니었으나 연산산맥의 산기슭을 따라가는 쾌적한 도로였습니다. 자전거 여행에 최적의 조건이 갖추어져 있었습니다. 도로의 상태도 좋았고 일반 도로라 하여도 교통이 번잡하지 않아 호산산성을 시야에 두고 산성을 따라가는 자전거 길은 우리나라의 동강 따라 태백으로 가는 어느 시골길처럼 친숙하게 느껴졌습니다.

애하와 압록강이 만나는 두물머리에서 출발하여 강길 따라 거슬러 올라가는 길에서 만나는 산성(호산산성) 골짜기로부터 실려 오는 바람은 고구려 후손들을 환영해주는 듯 맑고 신선하였습니다. 산의 형세가 호랑이 누운 것과 같다고 하여 호산인데, 우리가 통과하는 지점이 호랑이 앞다리 부분인지 굴곡진 언덕길은 아기자기하여 숨소리도 고르게 호산산성을 바라보고 가는 자전거 길은 경쾌했습니다. 고구려의 영혼을 담은 자전거 길 위를 선대들의 숨결과 맥박의 고동 소리를 들으면서 한참 동안 무아지경으로 달리자 환상의 세계가 눈앞에 어지럽게 나타났습니다.

여기에 여행객이라고 무심히 볼 수 없는 것이 곳곳에 있었습니다. 옛부터 불렸던 호산산성(山城)이 호산장성(長城)이라고 개명되어 여기저기 덧칠한 이름으로 쓰여져 있었습니다. 가볍게 지나다녀야 할 여행객의 발걸음을 무겁게 하였습니다. 산성을 장성이라고 개명하는 것은 문제될 것이 없지만 속내는 다른 뜻이 있어서입니다.

산성과 장성은 외침을 막기 위한 구조물에 지나지 않지만, 산성은 산의 형태에 따라 붙여진 이름 그대로의 산성입니다. 그런데 이곳에 있는 산성을 이름을 덧칠해서 장성이라고 개명해서 부르는 것은 중국인들이 타 지역에서 쌓여 만들었던 장성의 연장선상에 의미를 두어 왜곡시키려는 의도에서 붙여진 이름이라고 봅니다.

호산산성은 고구려 시대에 쌓았던 성으로 형태 역시 고구려의 것이었으나 세월이 흐르며 윗부분이 많이 훼손되었습니다. 그러자 중국은 견고하게 석축돌로 쌓여져 있었던 밑부분은 그대로 두고 그 위에다 새롭게 명나라식 장성을 쌓아 관광지로 개방하여 호산산성을 장성이라고 칭한 것입니다. 동북아공정(東北亞共程)의 일환으로 만리장성의 동쪽 끝인 산해관을 이쪽으로 옮겨서 2009년 9월 25일 호산산성이 만리장성의 일부라고 공식적인 선포식을 가졌고 관광객에게도 그런 이름으로 선전하고 있었습니다.

중국의 『사기』의 기록으로는 산해관이 동쪽의 끝 지점이 만리장성의 시작점이라고 기록되어 있습니다. 『사기』라도 고쳐놓고 호산산성이 만리장성의 일부라고 우겨야 하는데, 역사적인 고찰도 없이 남의 나라의 역사를 도둑질하여 동북아공조(東北亞共程)라는 미명으로 역사를 왜곡하고 있었습니다.

역사는 승자의 기록이고 강자의 몫이라 하지만 호박에 줄 친다고 수박이 될 수 없듯이 역사란 도둑질할 수 없는 것입니다. 중국의 만리장성과 호산산성과의 공법이라든가 축조 형식이 판이하게 다른 것은 우리 같은 문외한도 식별할 수 있었습니다.

옛 고구려의 광개토대왕이나 대조영이 그들의 왕조가 될 수 없듯이 역사를 말살하려고 한다고 하여도 역사란 힘의 논리로 정해지는 것은 아니라고 생각합니다. 산성축조 시 사용한 우물터에서 볼 수 있는 당시 우물을 만들 때 축을 쌓은 건축방법은 물론, 허물어지지 않은 산성 밑 부분에서 발견할 수 있는 기초공사 시 쓴 석축의 공법은 고구려 시대에 축성한 특별한 공법이었습니다.

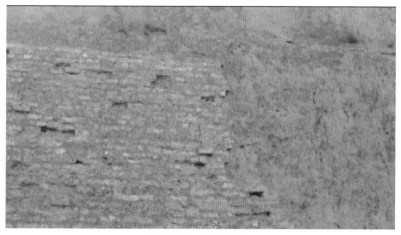

만리장성의 외벽의 일부

호산산성의 모습

서역의 가욕관까지의 장성의 성벽의 흔적

첫 번째 사진은 2014년 10월, 서유기의 서역으로 가는 자전거 여행길에 만리장성의 서쪽 끝인 가욕관(嘉峪关)까지 가는 장성에서 보았던 장성의 일부입니다. 그때 가욕관의 장성은 서쪽 지대의 위구르족의 생활 터전이라 동북쪽의 산악지대와 달리 생활이 풍요로워 국경분쟁의 심각성이 없었던 곳이었습니다.

중국의 만리장성은 명나라 시대나 당나라 시대에도 토성으로 만들어져 흙과 볏짚으로 속을 채우고 돌을 외부에 타일처럼 입혀나갔던 공법으로 만들어졌습니다. 이러한 공법으로 할 수밖에 없었던 원인은 이곳이 넓은 평야 지대여서 석축으로 쌓을 만한 재료가 부족했기 때문입니다. 이렇게 이어져가는 만리장성은 특별한 지역을 제외한 전역이 일괄된 공법으로 축성이 되어 있었습니다. 오늘날 이곳의 장성은 많이 훼손되어 있었습니다.

두 번째 사진에 보이는 호산산성의 모습으로도 확연히 확인할 수 있는 것은 밑부분 좌대 부분은 남한산성과 수원성과의 축조 방식이 동일하다는 것이었습니다. 사진에서 보는 위 벽돌 부분이 새로이 고구려 산성 위에 허물고 보수 작업한 것이라는 것은 이곳 작업에 임했던 주민들에 의해 전해져온 말이라고 합니다. 다만 호산산성(고구려 산성) 밑 부분은 오랜 세월 동안 별다른 관리와 보호장치를 하지 않았는데도 옛 모양 그대로 유지되어 있는 것으로 보아, 고구려 산성의 우수성을 볼 수 있었습니다.

호산산성이 만리장성과 특별히 다른 것은 목책이라 하겠습니다. 산해관에서 이어지는 호산산성까지 200km에는 일차 저지선으로 목책으로 설치되어 있었습니다. 주 침략군이 기동성을 주 무기로 하는 만주 ·

여진 · 몽골족 등의 북쪽의 기마민족이었습니다. 이를 저지하는 효과는 목책이 주효하여 호산산성의 목책은 만리장성에서는 볼 수 없는 고구려 산성만이 가진 특별한 방어벽이라 보였습니다.

호산산성의 목책

제4장

남한산성과 호산산성

호산산성이 만리장성의 일부가 아니고 고려인들이 축조한 것이라고
밝히는 것은 역사학자나 관계된 정부의 관료들이 할 몫이겠지만 여행
자의 눈에도 여행의 의미를 가리기 위해 다음 세 가지를 밝혀보았습니
다.

(아랫글은 가부와 시비를 논하는 의미로 접근된 글은 아닙니다. 단순
한 여행자의 시각에서 느낀 바대로 소감을 적은 글이라 역사적인 사실
에 근거하지 않았습니다.)

첫째 : 호산산성의 모양이 옛 고구려인들이 축조한 것이라 한국의 남
한산성을 보는 듯하였습니다. 남한산성의 석조 결속구조는 품자(品) 형
으로 축조되어 호산산성과의 건축형식이 동일하고 중국의 만리장성의
건축형식과는 판이하였습니다. 건축의 재료의 형태나 건축방식이 남한
산성과 호산산성은 동일하였으나 중국 쪽 장성과는 건축 양식 뿐만 아

니라 재료 자체, 돌의 모양이 달랐습니다.

둘째 : 산성의 설계 구조 면에서도 남한산성과 호산산성의 봉화대와 감시초소가 동일하였으나 중국 쪽 만리장성과는 구조도 달리하여 산성 주민에게 탐문하여도 고구려 시대에 축성한 산성으로 확인되었습니다.

셋째 : 문헌에도 중국 쪽에도 산해관 제일관문 입구에 입석으로 표시한 "정로대"에도 동쪽 제일 끝 지점의 장성이라고 표기된 것을 볼 수 있었습니다.

한편 동북아공정(東北亞共程)이라는 미명 아래 호산산성이라는 고구려 산성을 만리장성으로 둔갑시켜 산해관에서 호산산성까지 거리 2,200km를 합친 거리로 중국 지적 당국에서 발표하였습니다.

2014년에 서역 가욕관 갔던 길과 이번 산해관에서 열하에 갔던 길을 명확히 구분하여 계산하면 만리장성 6,651.8km와 고구려 산성 2,200km를 완주함으로 중국에 있는 산성과 장성을 구분하여 계산합니다.

요약해서 북경을 중심으로 정리해보면 다음 표와 같습니다.

만리장성	북경 ~ 동쪽의 시발점 산해관	2,851 km
	북경 ~ 서쪽의 끝지점 가욕관	3,800 km
		장성 합계 6,651 km
고구려 산성	호산산성 ~ 경유지(산해관~북경~)열하 승덕	2,207 km
		합계 8,851.8 km

※ 구간 간의 거리는 증감이 있을 수 있습니다. 중국 지적 당국에서 발표한 거리의 기준을 짜서 맞춘 거리임으로 오차가 있을 수 있음을 밝힙니다.

남한산성

과거에 정묘년이나 병자년에 당한 것을 호란이라고 했습니다. 서인들이 중립외교를 하던 광해군을 폐하고 인조를 왕위에 올렸고, 서인들과 인조가 친명배금 사상에 의하여 후금이 3만 군사를 이끌고 정묘호란을 일으켰습니다. 그리고 얼마 지나지 않아 후금이 국호를 청으로 바꾸었고 청태종 홍타이지가 즉위할 때 병자호란을 일으켜 조선을 난장판으로 만들어놓았습니다. 이때 40여 일간 남한산성에서 항전하던 인조가 나와 삼전도(지금의 송파구 삼전동)에서 누르하치가 아닌 홍타이지에게 항복하여 형제국으로 지내기로 화친하는 조건으로 청나라 군을 물러나게 하였습니다. 말만 형제국이지 실제론 신하 관계의 속국이나 다름없는 정도의 외교 관계였습니다.

연암 선생이 축하사절로 갔던 그때에는 만리장성의 머리 부분인 산해관, 즉 만리장성의 시작점을 보는 것으로 만족하였으리라 봅니다. 그때에는 중국이 동북아 지역에서는(여진족, 말갈족, 몽골족) 국토였던 땅과 역사의 개념이 없이 지배국인 중국의 정책을 몇 세기 동안 이어와 국경에 대한 분쟁은 심각성이 없었습니다. 서역 쪽의 위구르족과 티베트 쪽에 간헐적으로 분쟁이 있었지만 동북아 쪽에는 그런 심각성이 없이 몇 세기를 지나왔는가 봅니다.

구 소련 연방이 무너지고 중앙아시아 4개국이 소련 연방으로부터 분리 독립된 후, 그러한 지구촌의 변화에 중국은 자국에 미칠 영향을 생각해봤을 것입니다. 그때까지 천안문 광장의 자유화 물결, 그 혁명의 상처가 잔재하고 있는 가운데 역사의 기반이 확고하지 않는 동북아 지역에서 분쟁의 씨앗을 먼저 차단하기 위한 조치로 동북아공정이라는 것을 통해 역사를 왜곡하려는 검은 그림자를 드리우는 행동이라고 생각합니다.

특히 연해주 간도 등 북방의 영토가 옛 고구려 시대의 국토였던 것이 분명하여 남한과 북한이 통일되었을 때 대한민국이라는 통일된 나라가 압록강 건너 한국인이 집단적으로 살고 있는 근거지를 바탕으로 하여 옛 국토를 수복하겠다고 하면 중국으로서는 이를 막을 역사적인 근거가 없습니다.

1990년도에 들어와서는 "동북아공정(東北亞共程)"이라는 허울로 산성(山城)을 장성(長城)화 하여 역사를 왜곡시키려고 혈안이 되어 있습니다. 호산산성에 입구에 들어서자마자 유난히 만리장성이라는 표지판이 많은 것을 볼 수 있었습니다.

연암 선생과 같은 명쾌한 문필가가 『열하일기』 속에 호산산성(고구려 산성)이라고 지명 하나라도 언급하였더라면 후인들에게 큰 힘이 되었을 테고, 또한 또 다른 관점에서의 읽을거리도 제공할 수 있었으리라 봅니다. 어차피 『열하일기』가 금서로 지목당할 바에는 화두라도 남겼으면 하는 아쉬움이 남습니다.

그런 아쉬움이 있어 압록강을 건너 호산산성을 지나오면서 조선족 집단으로 거주하고 있는 마을에 들러봤습니다. 깊이 있게 기술된 책을 볼 기회가 없었기에 좋은 기회가 되었습니다.

제5장

신광촌(조선족 특수마을)

　오늘 덕암 대장이 지도에도 없고 여행 일정에도 없는 곳으로 우리를 인도하였습니다. 진행 도중에 간략한 소개말이 있었습니다. 옛 병자호란 때 끌려왔던 조선족 후예들이 살고 있는 조선족 집단 이주마을로 가는 길이라고 하였습니다.

　도로에서 마을로 들어가는 진입도로는 한적하였습니다. 길 양편에 늘어져 있는 경계목은 우리나라에 많이 심겨 있는 버드나무로 잘 자라 있어 계획 조림으로 마을로 들어가는 사람의 마음을 평화롭게 하였습니다. 도로 폭에 비해 포장은 되어 있지 않았지만 자전거와 직접 닿는 흙 부분은 언제나 느끼는 것이지만 더 정감 있게 느껴졌습니다.

　동네에서 타 민족이 한 세대도 섞이지 않았다는 점은 신광촌의 특색이라 하였습니다. 신광촌이 순수 조선족 동네를 지켜오게 된 데는 유래가 있었습니다.

　1986년에 신광촌은 반석현 채농대에 혼입되었습니다. 그 후 신광촌을 조선족들만이 가진 역사와 문화를 이어나가겠다는 열성적인 조선족들의 청원으로 반석현 민족사무위원회와 현 정부의 지지하에 채농편제에서 벗어나게 되면서 조선족들은 타 민족과의 혼거 상태에서 벗어나 새로운 구역으로 집단이주를 하게 되었습니다. 이렇게 되어 현재의 신광촌 위치에 새롭게 100% 조선족들만 집단으로 순수한 조선족 동네가 태어났던 것입니다.

　이곳에서도 설날과 추석은 한국의 명절답게 해마다 민속 경영잔치를 가진다고 합니다. 민속장치로서는 윷놀이, 제기차기, 연날리기는 빼놓지 않고 맥을 이어 조선족만이 가지는 특성을 자랑한다고 합니다.

허허벌판에 새 동네를 건설하면서 신광촌 지도부에서는 이번의 집단 이주는 현 정부와 현 민족 사무위원회의 단일민족 정착촌의 보호 정책 하에 신광 조선족 촌으로 건설허가가 승인되었습니다.

앞으로 어떠한 일이 발생하더라도 신광촌은 조선족 촌으로서 남아야 함을 강조하고 타 민족에게 집을 팔고 사거나 임대하는 등 행위를 허락하지 않는다는 규정을 정하는 것은 촌민들도 물론 만장일치로 동의했습니다. 그 이유인즉 경제개발구로 재개발 지구로 지정되면 토지가격이 보상될 가능성이 있다 하여 이주하고 전매하는 행위는 마을 전체의 공동 이익에 위배된다고 현재는 거래가 중지된 상태라 합니다.

반석 경제개발구에 위치한 신광촌은 개혁개방 정책 이후 주민들이 외지로, 외국으로 인구가 빠져나갔습니다. 그중에는 타 도시에 이주하여 생활의 터전을 마련하여 삶의 기반을 닦고 다시 돌아오지 않을 집들도 많습니다. 어떤 집들은 거의 7, 8년을 집을 비우고 있는 상황입니다. 임대해주거나 팔거나 할 생각들도 없지 않겠지만 아직 이 동네에는 당시 약정을 어긴 집은 한 집도 없었다고 합니다.

원래 100여 세대에 400여 명 정도의 인구를 가지고 있던 마을이 지금은 건장한 노동력이란 거의 볼 수 없을 정도이고 지금은 40세대에 100명 정도 인구가 남아 마을을 지키고 있는 '알짜 조선족 동네' 실정입니다. 동네 인구가 3분의 2 이상 줄었다는 것은 조선족 산재지역이 우리나라의 농촌 현실과 유사하다는 의미입니다.

이곳에도 우리나라의 농촌이 안고 있는 고민을 그대로 안고 있었습니다. 명분이야 조선족만이 가지고 있는 고유한 민족의 얼을 이어간다는 것이겠지만 저출산과 줄어드는 노동력으로 공동화된 마을에는 생산성이 없어 머지않은 시간에 폐촌이 될 것 같았습니다. 아마 우리가 마지막 방문자가 될 것 같았습니다.

백이·숙제의 묘역

백이·숙제 묘역

영원성 가는 길에(하북성 노령현) 백이·숙제 묘가 있다 하여 그 유명한 성삼문의 〈수양산 바라보면〉이라는 시가 생각나서 들러보았으나 과연 이곳이 백이·숙제의 묘인지 공사장에 퍼다 옮긴 폐석인지 알 수가 없습니다. 그 터에는 제철 공장이 정지 작업 중이었습니다.

충과 의를 생명처럼 여기고 섬기고 살았으며 이를 지키지 않는 것은 짐승만도 못하다며 사람대접도 하지 않던 이조 시대부터 중국을 방문하는 사절단이나 일반 여행객들도 이 백이·숙제의 묘 앞에 고사리를 제물로 바치고 제를 지내고 와야만 중국을 다녀왔다고 할 정도로 국민 정서에 깊이 뿌리박고 있었습니다.

연암 일행의 사절단도 여기에 고사리를 바치고 제사를 지냈다고 합니다. 청나라로 인해서 망한 명나라 시대의 사상의 이념을 지킨다는 정체성에 이곳에 제사를 지내고 청나라에 가서는 삼궤구고두례를 하고 다시 조선에 들어갈 때 이곳에 와서 정체성을 회복한다는 의미로 제사를 지내고 귀국한답니다. 240년 전의 일이라도 그 현장에 와 있는 우리들은 웃어야 할지 울어야 할지 우리들도 헷갈렸습니다.

자전거 위에서 생각하는 것이지만 충(忠)과 의(義)를 그렇게 중히 여겼다면 화(和)와 생(生)도 균형 있게 생각할 수도 있지 않아야 할까 하는 생각을 가져봤습니다.

어느 문헌에 보니 『사기』를 쓴 사마천은 다음과 같이 말했다고 합니다. 인간의 근본인 인(仁)과 의(義)를 지킨 백이·숙제가 굶어 죽은 비극에 대해 "백이·숙제는 선인(善人)인가 아니면 악인(惡人)인가? 그토록 인을 지켰고 행동을 몸소 삼가면서까지 끝내는 굶어 죽고 말았다는 사실을 우리는 어찌 이해해야 좋을 것인가?"

백이(伯夷)·숙제(叔齊)의 사당, 청성묘(淸聖廟)

1701년 4월 2일, 숙종이 친히 해주(海州)의 수양산(首陽山)에 있는 백이·숙제의 사당인 이제묘(夷齊廟)의 호(號)를 '청성묘(淸聖廟)'로 정하고 해마다 여기에 제사를 지내는 풍습을 인의(人義)의 표본으로 추앙하여 민본의 근원을 삼았다고 합니다. 본국에서는 이제 묘가 터자리도 없는데 아무 상관이 없는 조선에서는 사람이 살아가는 근본을 중히 여겨

만리장성을 넘다

아직 제사를 지낸다 하니 이념과 사상은 국경과 시간을 초월하는가 봅니다.

정말 웃기는 이야기이지요. 자기 조상은 헌신짝처럼 버리고 남의 조상을 모시고 충효라 한다면 어느 나라 백성인지 모르겠습니다. 사신단이 백이·숙제 묘 앞에 제를 지낼 때 연암 선생은 용하게 그 자리에 참가하지 않았다고 합니다.

우리가 갔을 때에는 추정된 장소에 공사장에 폐석만 쌓여 있었고 〈수양산 바라보며〉라는 시(詩)의 발상지도 그 자리에 제철공장이 들어와 수양산 자체가 없어져 있었습니다.

백이·숙제의 충절을 가치 기준으로 하여 조선왕조가 통치이념으로 삼았는가 봅니다. 시대에 따라서 지극한 사대주의에서 오는 병폐는 지금에까지 그때의 사대사상을 합리화하려는 모순된 생각으로 자리 잡고 있습니다. 요즈음 어느 누구는 어느 누구와 함께 무엇을 하려는지 그 본성을 모르겠습니다.

공장 대지로 변한 수양산을 바라보니 산세가 고사리가 잘 자랄 수 있는 지형이고 허약한 노인네들이 올라가기 좋은 구릉지였습니다. 혹자는 고사리도 주나라에서 생성된 것이므로 이론이 성립되지 않으며 또 백이·숙제는 고사리를 먹지 않았다는 권위 있는 학설도 있었습니다.

백탑

백탑

연암 박지원이 당시 요동 요양성에 제일 높은 곳에 위치한 백탑을 보고 요양원의 드넓은 광야를 보고 견문록에 기록으로는 '비로봉 꼭대기에서 동해를 굽어보는 곳에 한바탕 통곡할 자리를 잡았다'고 하였습니다.

그 말을 듣는 시종이 "하필이면 이 드넓은 곳에 와서 통곡을 하신다는 말씀이 무슨 뜻입니까?"라고 물었더니 "이런 곳이 바로 훌륭한 울음터다. 인간이 가슴이 후련할 때나 기쁠 때도 통곡을 한다네. 천하에 영웅은 울기도 잘하고 천하에 미인은 눈물도 많으니 사람들은 칠정 가운데 슬플 때만 우는 것이 아니고 크게 기쁠 때도 울고 싶어진다네." 하셨다고 합니다. 그러자 시종이 "그렇다면 어느 때가 울고 싶은 때입니까?"라고 묻자 연암 선생이 하시는 말씀이 "갓 태어나는 아기에게 물어보면 알게 된다"고 했습니다. 인간의 칠정 중에 하나인 기뻐서도 운다는 것은 "어머니 배 속에 갇혀 있다가 갓 태어났을 때 밝은 세상과 새롭고 넓은 세상을 보니 좋아서 울음이 나서 우는 것이 아기의 울음이라네." 하면서, 연암 선생은 『열하일기』에 옛 고구려의 땅이었던 요동을 보고 아기가 태어나 새로운 세상을 보는 것에 비유하여 말했다고 합니다.

우리 일행은 단동에서 출발하여 3일째 요양에 도착하여 가장 높은 자리에 있는 백탑, 일명 평여탑에 도착하였습니다. 넓은 광장에서 자전거로 새롭게 복원된 광무사 앞으로 보무도 당당히 라이딩으로 선회하고 당나라가 고구려를 무찌르고 세운 전승탑 앞에서 자전거를 세우고 너

희는 무력으로 고구려를 무찌르고 전승하였다면 우리들은 자전거로 이 기념비와 백탑을 접수하고 '이 광장과 이 탑신이 내 자전거 바퀴 밑에 있소이다!' 하고 외치면서 점령자의 기세로 새롭게 복원된 광무사 전각과 넓은 광장 일대를 접수한다며 두 바퀴나 돌았습니다.

도강록 중에서, 연암 박지원 선생은 바람에 흔들려 울리는 백탑의 풍경소리를 옛 고구려의 혼이 담긴 소리로 비유하였고, 선생이 드넓은 지평선을 바라보고 사나이의 통곡할 자리를 찾았다고 호기에 찬 말씀을 한 것은 이 영원성이 지리적으로 중요한 군사적 요충지라는 것을 먼저 간파하신 것이며, 사방이 아득한 지평선의 넓은 들을 보시고 여기가 우리의 사군시대 낙랑의 땅이었음을 상기하고 애틋한 마음에 이렇게 읊었다고 합니다.

"천하의 안위는 늘 이 요양의 넓은 들에 달렸으니 이곳이 편안하면 천하의 풍진이 자고 이곳
이 한번 시끄러우면 천하의 싸움북이 소란이 울려진다"

그러니 이를 경계해야 한다고 했습니다.

넓은 광장에 어둠이 내리니 휘황찬란한 불빛에 야시장이 관장에 벌어지고 풍악을 울리는 서커스가 벌어지고 한쪽에서는 먹거리 장터가 생기고 여기에서 중국의 희귀한 음식인 개구리 알, 전갈, 뱀, 식용 쥐 등으로 야식장이 생겼습니다.
사행단 일행이 긴 장마를 만나 강물이 불어서 가지 못하고 며칠씩 한

만리장성을 넘다

자리에서 시간을 보낸 경우에 무료한 시간에 투전판이 벌어져 연암 선생이 연 3판이나 이겨서 물러 앉은 선생을 다시 합석을 종용할 때 이렇게 말했다고 합니다.

"성공한 곳에는 두 번 안 가고 만족을 알아차리는 것이 위태롭지 않다네."

그러고는 물러앉아서 술 좋아하는 연암이 술만 마셨다고 합니다.

우리들도 공교롭게도 이 지점을 통과할 즈음 비를 맞게 되었습니다. 연암 선생 일행은 압록강을 건너 15일째 비를 맞고 이곳에서 도강할 수 없었다고 하였지만 우리들은 그 강 위로 다리가 놓여져 교통에는 문제가 없었습니다.

아무도 가기 싫어하는 연산관 길

연산관 길   연산 석교

사행단은 청나라에서 정해준 길 외에는 다니지 못했다고 합니다. 1780년 7월 6일 아침에 불어난 강물이 낮아져 드디어 통원보를 출발한 조선의 사행단은 초하구를 거쳐 60리를 걸어 연산관 역참에서 묵었습니다. 『열하일기』에서 연암은 초하구에서 점심을 먹고 분수령인 2개의 재를 넘어 연산관에 도착하였습니다. 연행록에는 재를 두 개를 넘었더니 하루해가 반쯤 되었다고 했지만 우리들의 자전거 길은 완만한 오르막길이라 하였는데 오르막다운 길이 아니어서 한편 실망스럽기도 했습니다.

조선족의 사행단뿐만 아니라 모든 교통의 수단은 북경을 가려면 이곳을 통과하여야 되고 병자년, 정묘년의 호란 때도 전쟁의 포로도 군사도 이 길을 통과하여야 했으며 청황의 국서를 받고 귀국 길에 올랐던 나덕헌의 그 사절단 일행들이 청황에게 받았던 문서를 버리고 간 곳도 이곳이었다고 합니다. 소현세자와 봉림대군도 병자호란 때의 포로들과 함께 끌려갈 때 이 길로 갔지만 고려총이라는 마을을 지나는 길로 가지 않아서 다행스럽다 하겠습니다.

고려총마을 앞으로 가는 길은 좋은 일로 가든 나쁜 일로 가든 죽은 조선족의 무덤이 많이 있어 우리나라의 미아리 고개만큼이나 한도 많은 길이라 꺼리게 되어 요즘은 다니는 사람이 없는 폐쇄된 길이라 합니다.

제6장

산해관

천하제일관은 명나라 홍무 14년(1381년)에 지어져 600년의 역사를 가지고 있고 남쪽으로는 발해, 북쪽으로는 연산을 바라보고 있으며 산해관은 산과 바다 사이에 있다고 해서 산해관이라 이름이 지어졌다고 합니다.

천하제일관이라고 우뚝 선 산해관은 주변 둘레가 4km에 이르는 사각 요새입니다. 벽의 높이는 14m에 이르고 두께가 7m, 중앙에는 종탑이 서 있습니다. 4면에는 모두 문이 있는데 여러 세기를 거치면서 황폐화되어 요즘 사용하는 단 하나의 문, 진동문을 이용하여 통과하였습니다. 나머지 문은 형태만 오늘날까지 남아 있었고 사용은 하지 않고 특별한 경우에만 사용하게 되어 있었습니다. 외부로 접한 그 위치 때문에 사용하는 문은 진동문 하나만으로도 충분하여 걸린 현판이 산해관의 위용을 뽐내려는 것인지 글장의 크기가 2m나 되었습니다. 천하제일관(天下第一關)은 산해관을 대변하는 것 같았습니다.

산해관에 자전거로 오게 된 것이 저 개인적으로 뜻있는 여행이라고 생각합니다. 북경에서 만리장성의 서쪽 끝인 가욕관까지의 여행은 여기 오기 7년 전(2014년 11월) 손오공이 안내한 서유기 따라갔던 여행입니다. 그때 우리들은 "해를 따라 서역으로 가는 까닭은"이라는 콘셉트로 만리장성을 견문하면서 몸뚱이에서 꼬리까지 다 들춰보았는데 머리 부분이 없어 만리장성 완주라는 마침표를 찍지 못하고 아쉬워하였습니다.

마침 『열하일기』의 길을 답습한다는 좋은 기회가 있어 만리장성의 머리 부분(노룡두)을 채우게 되어 만리장성의 그림을 한 장의 그림으로 그리게 되었습니다.

다담(茶倓)학회

담헌 홍대용 선생이 이곳을 다녀가시고 난 뒤 집필하신 『산해관 잠긴

문을 한 손으로 밀치다』는 연암 선생이 쓴『열하일기』의 뜻을 받아 이룬 기행문으로 알고 있습니다. 오늘날 그 시절의 실학자인 정약용 선생과 홍대용 선생님을 기리는 다담학회가 발족되어 두 분의 사상과 업적을 활발히 연구하고 있다고 합니다. 다산 정약용 선생의 호의 첫 자와 담헌 선생 호를 합친 이름입니다.

특히 그 시대에 지원설과 지진설, 우주무한실 등을 연구하기 위하여 담헌 선생은 항주 출신의 육비 등 선비들과 교류로 몇 차례 중국에 실학을 연구하고 북학파인 연암 선생과 사상을 같이했습니다. 후일에 정조가 개혁을 주장했던 정약용 등의 어려움을 도운 것도 그가 개혁 의지를 정조에게 불어넣은 것에도 관련 있는 것으로 보인다고 합니다.

연암 선생의『열하일기』와 담헌 홍대용 선생의 여행담(을병연행록) 등을 통하여 실학파들의 북경 방문을 선망하게 됨으로써『열하일기』가 그 시대의 개혁 의지를 심은 견문록이 아닌 사상기로 인식되어 금서까지 당하지 않았나 생각합니다.

통관증 발급

옛날에는 통관증을 발부받은 사람만이 성에 들어갈 수 있었고 요즘은 누구라도 자유롭게 통과할 수 있다고 하였지만 우리들은 산해관을 통관하는 이벤트에 참여하여 덕암이 통관증을 받고 신고식을 거쳐서 성안에 들어갈 수 있는 행사에 참여하게 되었습니다. 이런 이벤트성인 행사는 마을 주민들이 스스로 참여하여 관광객에게 기쁨을 주기 위한 행사이기도 하지만 소득도 올리는 자체행사라고 합니다.

노룡두(老龍頭, Lao long tou)

중국 하북성 친황다오에 위치한 장성은 전체적으로 돌을 쌓아 축조한 성으로, 만리장성의 동쪽 기점 즉, 산해관(山海关)이 바다로 유입되는 부분에 위치합니다. 만리장성을 커다란 용의 형상으로 볼 때, 바다와 만날 때 용의 머리가 위로 솟아올랐다고 하여 이와 같은 이름을 붙였다고 합니다. 만리장성의 위용을 과시한다는 뜻에서 이름도 노룡두라 하였고 장성의 첫 시작점이라고 하여 중하게 여긴다고 합니다.

외래 침략군들이 북경으로 진입하기 위해서는 산해관이나 영원성을 열지 않고는 북경으로 진군할 수 없었다고 합니다. 중국의 전쟁사에 무력으로는 영원성과 산해관은 함락된 적이 없었다고 합니다. 청나라의 수 없는 침략에도 저지할 수 있을 정도로 성이 워낙 굳건하여 난공불락의 성으로 불리는데, 침략을 하려면 바다를 이용할 수도 있지 않을까 하는 우려로 노룡두를 만들어 바다까지 경계대상으로 한 것 같습니다.

영원성은 대군을 투입할 수 없는 지리적 여건에 험로이기에 대군이

제 2 부 고구려 산성(高句麗 山城) 107

만리장성을 넘다

이동할 수 없는 이점이 있어 성을 사수할 수 있었습니다. 원숭환의 철두철미한 방어선은 뚫리지 않았으나 결국은 내부의 청나라에 조력하는 첩자에 의하여 성이 함락당하는 비운을 겪게 되었고, 산해관 역시 내부의 조력자인 오삼계가 산해관의 문을 스스로 열어주면서 청군은 무혈 입성하게 됨으로써 산해관 전투 이후 명나라의 정치력 약화가 가속화되어 결국 청나라가 중국을 지배하게 되었습니다.

명나라 1881년, 주원장이 산해관을 축성하고 만리장성의 동북쪽 성의 끝지점이 되었음을 선포한 후 모든 군사력의 총 지휘소를 이곳에 두라고 산해관의 입구인 정로대에 명하였다고 합니다. 만리장성의 동북쪽 시작점인 것만큼 장성이 지켜야 할 모든 것이 여기에서 출발한다고 기록되었다고 합니다.

토목공사가 발달된 요즈음도 이런 바다 위의 구조물 설치공사를 하려면 말뚝(파일)을 박고 그 위에서 부패를 방지하는 전기공사를 한 후

지층변화 검사를 거치고 시공해야 할 만큼 특별한 해상 공사입니다. 이렇게 어려운 부분인데 그때는 장비도 없이 이런 특수한 토목공사를 한 것입니다. 바다 밑에서 기초공사를 하였다면 바닥에 있는 연약 지방을 준설하고 암반 위에 기초공사를 어떻게 하였으며 평면 작업은 무슨 방법으로 하였을까요? 고르게 쌓아 올린 수중공사는 어떻게 하여 가능하였을까요? 경이롭게 보였습니다. 그 성벽이 오늘날까지 해풍과 파도에는 물론 지질변화에도 균열이 생기지 않고, 자연재해까지 이겨나오면서 균열된 곳이 한 군데도 없이 온전하게 보전해왔다는 것이 기적처럼 보였습니다.

과연 노룡두라는 이름값을 한 것 같습니다. 산해관을 6년 만에 찾아온 보람이 있었습니다. 드디어 만리장성의 완주라는 마침표를 찍을 수 있어 대장정의 마감 값을 한 것 같아 만족하였습니다.

해신묘와 망해정

조선의 사신이나 산해관에 들어온 사람은 꼭 이곳에 들러보고 간다고 합니다. 연암 선생 일행들도 이곳을 들러보고 바다 건너에 있는 조선 쪽을 보고 향수를 느꼈다는 곳입니다. 바다를 지키는 해신을 모시는 곳이라 이곳에서 해신에 제를 올렸고, 명조 때에 황제들이 바다를 조망하기 위해서 자주 찾았던 곳이기도 합니다.

산해관의 각산 장성의 망루

산해관을 둘러쳐진 북쪽으로 뻗어 있는 만리장성의 제일 높은 곳에 각산장성의 망루가 있습니다. 이 망루가 두 개의 뿔 모양으로 생겼다 하여 각산장성이라 이름이 붙여지고 사절단이나 관광객이 이 각산에 오른다고 하여 사행단도 이곳에 꼭 들러 발해만과 유시 벌판을 둘러본 다고 합니다. 우리는 시간 관계로 오르지 못하고 멀리서만 바라보았습 니다.

망루는 명·청시대의 문화권과 비문화의 경계선으로 가름하는 장소 로 치열한 전투의 현장이었다고 합니다. 성 안은 문화권이었고 성 밖은 비문화권이라 하여 명과 청나라를 호칭하는 말로 가늠하였다고 합니 다. 연암은 비대한 몸으로 이 망루에 올라갈 수 없어, 시종들의 도움으 로 오르면서 사람의 처세관에서 이렇게 말했다고 합니다.

"사람들을 쳐다보니 모두 벌벌 떨며 어쩔 줄 모르고 있었다. 올라갈 때엔 앞만 보고 층계 하나하나를 밟고 오르기 때문에 위험하다는 걸 몰 랐는데 내려오려고 눈을 들어 아래를 굽어보니 현기증이 절로 일어난 다.

벼슬도 이와 같아서 위로 올라갈 때에는 한 계단 반 계단이라도 남에 게 뒤질세라 더러는 남의 등을 떠밀며 앞을 다투기도 한다. 그러다가 마침내 높은 자리에 이르면 그제야 두려운 마음을 갖기 시작한다. 하지 만 그땐 외롭고 위태로워서 한 발자국도 앞으로 나아갈 수 없고, 뒤로 물러서자니 천 길 낭떠러지라 더 위험해 내려오려고 해도 잘 되지 않는 법이다."

출세하는 것도 이런 어려운 계단을 한 계단 한 계단을 오르는 것이지만, 내려올 때의 두려움을 모르고 오른다고 하면서 사람이 살아가는 것에 비유하여 자신의 출세관에 입신양명 하려는 것을 벗어난 자신의 삶을 조명하는 글을 일신수필집에 수록하였습니다.

제3부

심양에서 영원성

함께하는 기쁨은 두 배가 된다

함께하는 기쁨은 두 배가 된다

편안하게 즐기는 관광 라이딩이라지만
그 속에는 보이지 않는 규범이
어느 치열한 레이스보다 더 철저함이 있었습니다.

네가 앞질러서 한 바퀴라도 먼저 가면
뒤따라오는 사람의 마음이라도 다치지 않을까 하는 배려와
계속 뒤만 바싹 붙어 가면
빨리 가라고 재촉하는 것으로 보이지 않을까. 하는 겸허함이
험한 길일 때에는 먼저 개척하는 모습을 보일 때도 있어야 하였고
가장 힘든 맞바람일 경우
바람을 막아주는 혜택만 입어서도 안되는 경우도 있습니다.

그런 보이지 않는 질서 속에 레이스는
몸으로 느끼는 동료들의 배려에
가는 거리만큼이나 쌓이는 기쁨이 차곡차곡 쌓여
항상 웃으며 힘든 일과를 기쁨으로 승화 시킬 수 있어

네가 먼저 편안함과 기쁨보다 우리 전체의 기쁨이 먼저라는
공동체 의식이 생겨
어려움은 어렵지 않게 되고 기쁜 일은
그 기쁨이 배가 됨을 느낄 수 있어 항상 행복해집니다.

2016년 9월

심양은 요녕성의 성도로 동북 3성 가운데 가장 큰 도시로, 북경까지 680km 떨어져 있는 심양은 청태조 누르하치(재위 1626~1643) 때에는 수도가 되어 성경(盛京)이라 개칭되었습니다. 북경을 수도로 옮기기 전까지 이곳을 청의 수도로 정하였습니다.

한때는 고구려의 영토였던 관계로 아직까지 서탑에 고구려의 후손들이 집단으로 살고 있다고 합니다. 우리들은 이곳이 청나라의 수도 왕궁이었을 당시 소현세자가 볼모로 8년간 있었던 곳이므로 먼저 그곳부터가 보기로 했습니다.

'빨리 가려면 혼자서 가고 멀리 가려면 함께 가라'라는 말이 있듯이, 오늘 힘들지 않은 여유로운 발걸음으로 주행거리가 오전 중에 벌써 50km에 도달했습니다. 도로 상태도 좋았지만 덕암 님이 자기의 닉네임처럼 동료를 잘 보살펴주는 원만한 리더이기에 힘들지 않고 즐거운 마음으로 라이딩에 임할 수 있었습니다. 이심전심으로 서로 간의 페달링 하는 상태와 숨소리만 들어봐도 적정한 주행이라는 것을 파악하게 되었습니다. 서로 컨디션을 알게 되어 힘든 코스에서도 힘들지 않게 호흡을 맞춰주는 배려와 동료들 간의 응원의 힘은 단체 라이딩의 장점이라 하겠습니다.

단체로 하는 자전거 타기라도 그렇지 않을 때도 있습니다. 앞에서 리드하는 속도와 리듬에 따라서 힘들 때도 있고 편안할 때도 있습니다. 리더가 그날의 주행하는 코스를 완전 장악하고 코스를 평정한 것처럼 여유롭게 대처해 나가면 그 리듬에 따라 전 대원들이 유쾌한 라이딩을 할 수 있는 자세를 가지게 됩니다. 때에 따라서 빗발치듯이 몰아치는 속도가 있을 때가 있어야 편안한 쉼 시간을 더 편안하게 쉴 수 있는

데, 그 강약의 조절을 음식에 양념치듯이 맛깔나게 하는 리듬은 그날의 주행하는 코스를 완전 파악하여야 가능하여 그동안 덕암 님이 리더로서의 자질을 갖추는 데 고액 과외로 배워 온 것 같았습니다.

평균 15kg 이상 화물을 탑재하고서도 시속 16km을 유지할 수 있었다는 것은 염려스럽기도 했습니다. 평균적으로 장비를 탑재한 장기간 자전거 여행일 경우 시속 12~15km 이상일 경우에는 다음 일정을 감안하여 경계해야 될 속도입니다.

오늘 우리 대원들의 표정은 그런 염려를 하지 않아도 될 정도로 밝고 씩씩하게 보였습니다. 이 정도의 기세라면 오늘 일정을 소화하고도 여유 시간이 있다면 병자호란 때 포로로 잡혀왔던 우리 민족의 후손들이 집단으로 거주하는 서탑에 들러볼 수 있지 않을까 하는 욕심도 가져 봅니다. 그래서 아침 미팅 때 오늘의 주행거리를 감안하여 조선족의 후손들이 집단으로 살고 있다는 서탑에 들러볼 것을 조심스럽게 의견을 제의해 봤습니다. 그러나 오늘의 우리가 다녀야 할 주행거리가 만만치 않기 때문에 서탑은 포기된 사항으로 결론되었습니다. 제 개인적인 희망 사항으로만 남기로 했습니다.

저 혼자였다면 무리해서라도 과욕을 부리게 되었을 것이고 그렇다면 다음 일정에 그 후유증을 갖게 되었을 것입니다. 단체 여행은 이런 안전장치가 있으므로 자제할 수 있었습니다. 서탑 방문에 대한 욕심은 이 여행에 의미를 더할 수 있으리라 생각하게 된 것은 왕세자 왕궁과 멀지 않은 곳에 있어 자전거로 한 식경이면 다녀올 수 있기에 동료들을 납득시킬 수 있을 것이라고 생각했기에 생각해봤습니다. 『열하일기』 속에 우리 민족의 후손들이 살아 온 곳에 대한 진지한 이야기가 헛말이라도 있었으면 연암 선생이 가셨던 길이라는 명분으로 우겨볼 수 있었는데 관심사가 다 다를 수가 있으니 서탑 방문은 포기하였습니다.

오늘 100km가 넘은 길의 단체 라이딩은 매우 만족한 결과였습니다. 앞에서 리드하는 사람과 뒤따르는 사람의 심장의 박동이 같은 듯 보였습니다. 그것을 감지한 속도 조절로 일심동체가 되어 편안한 라이딩을 하게 된 것은 도착했을 때 자전거 바퀴의 묻어나는 흐름을 보면 대충 알 수 있었습니다.

모두 흡족하고 밝은 모습이었습니다. 어쩌면 오늘 일정에도 없는 서탑 방문을 하였다면 이런 분위기가 어떻게 변화되었을지, 조심스럽게 생각했던 것이 잘한 것 같습니다. 참는 자에게는 복이 있나니~

제1장

소현세자와 연암

세자와 연암은 시대는 달라도 사상은 함께 하였습니다

소현세자는 아버지 인조가 반정으로 왕이 되면서 1623년 왕세자로 책봉되었고, 1636년 병자호란이 일어나자 인조와 함께 남한산성으로 들어갔습니다. 그러나 이듬해 인조가 삼전도에서 청 태종에게 삼궤구고두(三跪九叩頭, 절을 3번하고 머리를 땅바닥에 9번 닿는)의 예로 항복하여 1647년에 청나라와 조청화약(朝淸和約)을 체결했고, 소현세자는 청나라의 강압에 의하여 그해 4월 10일 자진해서 부인 강씨와 봉림대군 부부 그리고 주전파 대신들과 볼모로 가 청나라 수도 심양(선양) 심양관에 억류되었습니다.

세자와 그 일행들이 억류되어 거처하였다는 세자관이 요즘은 도서관으로 이용하고 있다 하여 우리들은 그 앞에서 자전거를 멈추었습니다.

세자관에 들어가기 위해서는 입장권을 구입해야 했는데, 우리들은 경로 우대로 대접받고 입장할 수 있었습니다. 중국인에게는 이곳이 볼거리가 없는 곳이라, 우리들끼리 조용한 분위기에 세자에 관한 이야기를 나누며 오붓한 시간을 가지리라 짐작하였는데 의외로 입장하는 사람이 많았습니다.

8년 동안 볼모로 잡혀 있었다면, 요즘이라면 외화 밀반출하여 호의호식하며 잘 지낼 수 있었을 터인데 그때는 적대국에 볼모로 간 왕세자에게는 생활할 수 있는 최소의 생필품만 지원하였다고 합니다.

청나라에서는 볼모로 있는 소현세자에게 요구사항이 직간접적으로 많았던 것 같았습니다. 그때마다 본인의 소관이 아니라고 정중히 거절하였으나 이를 청 태조의 의사에 반한다고 트집을 잡았다고 합니다. 그리하여 볼모자에게 지급하는 최소한의 식품과 생필품마저도 지원하지 않고 왕세자가 거처하는 곳의 공터에 곡식을 심어 그곳에서 생산된 농작물로 자급자족하라는 냉대를 받았다고 합니다.

그러나 왕세자 부부는 그것이 오히려 다행한 일이라고 받아들여 호란 때 이곳에 노예로 끌려온 포로들을 수용하여 생계를 이어 갈 수 있는 생활 터전을 마련하였다고 합니다. 포로와 노예 신분으로 끌려온 백성들은 처참하고 암담한 생활에 기아에 굶주리고 노예시장에서 팔려 다녔는데, 그러한 백성들을 수습하여 황무지를 개간하여 보람을 만들어주고 생활의 활력을 만들어 시름을 달래주었다고 합니다. 또한 집단 농장 식으로 공동으로 작업하고 관리하는 것을 체계화함으로써 생산된 농작물은 각자 작업한 만큼 배당하고 공동 생산, 공동 판매하는 형식을 갖춰 그 수익금을 정확하게 배당함으로써 본국에서 자작으로 하는 농토도 없었던 농민들에게 큰 소득을 안겨 줌으로써 실향의 아픔을 견딜 수 있게 하였다고 합니다. 오히려 이곳에서는 조선에 있을 때와 달리 지주에게 착취당하는 불공평함을 당하는 일도 없어 일하면 일한 것만큼 노력의 대가를 받을 수 있어 열심히 일한 보람에 배고픈 설움은 면할 수 있었다고 했습니다.

한편 청나라 사람들은 유목으로 살아가는 기마민족이라 농사일에 서툴러서 농사일을 제대로 하지 못했는데, 끌려온 조선 백성들은 농사일을 생업으로 하여 살아온 사람들이라 농사일에 호평받게 되어, 그것이 이곳에 정착하는 데 도움이 되었다고 합니다. 그리고 그 후손들이 오늘날까지 이어 와 이곳 서탑에 집단촌을 이뤄 살고 있다고 합니다.

이곳에서 생산된 농작물이 품질이 좋아 거둬들인 농작물을 시장에 내다 팔아 그 돈으로 그곳 관료들과 교분을 쌓는 데 사용하기도 했다고 합니다. 청나라 관원들은 왕세자 부부와 백성들이 농업생산에 탁월한 결과를 보여주는 모습을 보고서, 포로로만 보아왔던 시선을 거두고 다소 자유롭게 대해주었다고 합니다. 이렇게 청나라 조정의 관심을 받아 포로로 잡혀 온 왕세자 일행들이 다소나마 자유로운 처신으로 생활할 수 있었으며 좋은 평을 받고 생활할 수 있게 되었고, 또한 청나라의 농업 생산의 모범이 되었다고 합니다.

8년이란 긴 세월 동안 이국에서 자유롭지 못한 처신으로 온갖 시름을 달래고 있었지만 청나라의 발전된 문물을 보고 배울 것은 배워야 앞으로 조국이 후진성에서 벗어나는 길이 부국 양병하는 길이라 생각하고 서양의 선진 문물을 공부하기로 하였다고 합니다.

소현세자는 청나라가 오랑캐의 나라라는 편견을 버리고 새로운 문물을 받아들여 발달된 문화를 습득하여 귀국하였을 때 나라의 발전에 도움이 되고자 새로운 문물을 독일인 신부(아담 샬)에게 주야를 가리지 않고 귀찮을 정도로 찾아갔다고 합니다. 이렇게 열심히 공부하는 세자의 학습 태도에 감동한 신부가 가지고 있는 과학 서적과 성경을 주었다고 합니다.

한편 이러한 사실이 조선에서 다녀간 사신들의 눈에는 곱게 보이지 않았다고 합니다. 사신들은 학구적이고 진보적인 왕세자의 태도를 이상히 여겨 귀국하여 보고할 때 삼전도에서 치욕을 당한 인조와 조정 대신들(주전파)에게 과거의 치욕적인 것을 잊어버린 세자의 태도는 친청(親淸) 행위 라고만 하고 크게 비난하였다고 합니다.

게다가 좋은 농토에 배불리 먹고 산다고 알렸으니, 인조에게는 왕세

만리장성을 넘다

자가 오랑캐 족속들과 편안히 살고 있다는 자체가 부담이 되었고, 씻을 수 없는 치욕을 안긴 청나라 오랑캐 무리들과 우호 관계로 잘 지낸다는 것이 불편하게 여겨져 아버지와 아들이 정적 관계로 발전하게 되었다고 합니다.

가톨릭과 서양의 과학을 들여와 나라를 발전시키고자 한 세자의 진취적인 사상을 아버지 인조와 조정의 배금파들은 이적 행위라고만 생각하고, 그러한 세자의 행동을 감시하고 박대하는 뜻에서 청나라에 오는 조선 사신들조차도 면대하지 못하게 하고 고국의 소식도 통제하고 생계비도 지원하지 않았다고 합니다.

한편 소현세자는 밖으로는 청나라의 집요한 압박과 감옥살이와 같은 감시의 눈에 벗어날 수 없었고, 안으로는 진보적인 친청 사상을 가졌다 하여 아버지의 인조의 감시와 질책을 피할 수 없는 고난의 세월을 보내야 했습니다. 소현세자는 이렇게 말하였다고 합니다.

何留河去 河忍河舍
어떻게 머물렀고 어떻게 참았으며 어떻게 지냈는가

그 당시 국제 정세는, 청나라는 만리장성을 넘나드는 국력을 과시하게 되었지만 한편 쇠퇴일로인 명나라는 청나라를 대적할 수 없어 멸망하게 되었습니다.

패망한 명나라를 숭상하는 순명배청(順明背淸) 사상은 광해군을 폐한 인조반정의 정통성을 지키기 위한 것이었습니다. 청나라는 오랑캐의 나라이고 적대국이라는 정신을 가져야 반정으로 집권한 조정 대신들과 인조가 정통성을 지켜나갈 수 있었기에 망해 없어진 명나라를 숭배하는 정신을 바꿀 수 없는 실정이었습니다.

청나라 쪽에서는 그러한 조선을 고분고분하게 말을 듣지 않는다고 여겼고, 조선에 인조를 폐하고 다른 왕을 세우겠다며 압력을 가하여 인조와 소현세자와의 부자지간을 정적지간으로 만들었으므로 소현세자는 인조의 감시의 눈에서 벗어날 수 없었습니다.

볼모로 잡혀 있다가 해금되어 귀국한 소현세자가 아버지 인조에게 귀국 인사하는 자리에서 청 태조에게 선물로 받아온 벼루를 내어놓았을 때 벼루로 맞았다는 설도 있습니다. 소현세자는 그로 인하여 조정에서도 세자로서의 체면을 세울 수 없는 수모를 받고 살다가 귀국 후 3년 만에 38세라는 나이에 의문의 변사를 당하게 되었습니다. 이후 세자빈 강씨도 제주도로 유배를 가게 되어 사약을 받아 죽고, 어렸던 큰아들(원손)까지도 죽게 되었으며 막내아들만 겨우 목숨을 부지할 수 있었다고 합니다.

볼모로 잡혀갔다가 비극적인 생을 마친 소현세자의 시대로부터 100년의 세월이 지났는데도 연암이 『열하일기』 견문록에 기록한 것이 소현세자가 보고 느낀 것과 똑같은 '신문화와 과학이 나라 발전에 긍정적인 의미가 있는 것'이라는 점이 눈에 띕니다. 이러한 연암의 견문록을 이질적이고 원수의 나라의 문화를 받아들이는 불온한 사상이 담긴 책이라 하여, 『열하일기』는 금서가 되었다고 합니다. 하물며 그 글을 읽은 사람조차도 과거에 응시도 하지 못하게 하였다는 것은 인조가 소현세자에게 보인 처사와 유사하다고 생각합니다.

아이러니하게도 같은 시대에 살았던 정약용과 박지원은 100년 전의 소현세자의 사상과 맥을 같이 하였지만, 연암은 청나라에 다녀온 견문록(『열하일기』)조차 금서가 되었는가 하면 다산 정약용은 그 사상을 바탕으로 발명한 거중기를 사용하여 수원화성을 세우는 데 힘을 보태어 치하를 받았다는 것이 역사가 가진 그늘이라 생각합니다.

요즘 세태에도 그와 똑같은 풍조가 있습니다. 친중이다, 친미다 하는 계파 간의 피 튀기는 갈등을 보는 것 같아서 세태와 시대는 변하여도 인간이 가진 영욕의 의식은 변하지 않는 것으로 보입니다. 이러한 것이 인간이 가진 속성이라면 너무나 큰 대가를 치러야 할 것 같아 걱정스럽고 한심하였습니다.

아마 인조 때에도 박지원 같은 선견지명을 가진 신하가 있었을 것이고 재야에 은둔하고 있었던 선비들도 있었을 것입니다. 하지만 자기 의지와 상관없이 거수기 노릇이나 하고 당리당략에 채택되는 대로 움직였던 쓰레기 같은 위정자들은 그때나 지금이나 후세에 사는 민초들에게 고스란히 그 허물을 물려받게 합니다. 이것이 안타까움이라 하겠습니다.

이 시대를 살아가는 우리들이라도 이런 역사의 가르침을 일깨워 주어 아픔을 답습하는 행동은 없어져야 함에 하잘것없는 이 여행기에도 그런 안타까운 마음을 조금이나마 담아 후일 경계 하고자 하는 생각도 가져 봅니다.

  사상을 바꾸는 교육의 현장이 별도로 있는 것도 아닙니다. 제도적인 교육 시스템의 책 몇 권 속의 한두 줄기 글보다 실체적인 것을 보고 배우는 현장 답습이 더 효력이 있을 것 같습니다. 미지의 세계를 둘러보는 여행을 권장하는 방법이 좋으리라 봅니다. 여기에서의 여행은 호화롭게 눈으로 즐기는 여행이 아닌 가슴으로 느끼는 여행을 말하는 것입니다. 걸어 다니면서 여행을 한다든가 혹은 자전거를 타고 땀 흘리면서 한다든가 스스로 찾아보며 느끼는 현장에서 건전한 정신과 건강한 몸가짐을 얻을 수 있는 여행을 말하는 것입니다.

제2장

인조와 강빈

　소현세자의 부인 세자빈 강씨는 흔히 '강빈(姜嬪, 1611~1646)'이라 칭해집니다. 강석기(1580~1643)의 딸로 1627년 12월 소현세자와 가례를 거행하고 세자빈이 되었습니다. 성격이 활달하여(아버지는 광해군의 폭정에 불만을 품고 낙향하였다가 반정의 공신으로 동부승지에서 후에 우의정으로 지냄) 인조에게 총애를 받다가 호란 때 소현세자를 따라 볼모로 심양에 있게 되었습니다. 이후 귀국하였으나 사약을 받고 죽음을 당하였습니다.

　이 여행기에서 굳이 강빈에 관하여 논하는 이유는 이조 여인 잔혹사를 보는 듯해서입니다. 이 여행은 자전거를 타고 만리장성을 완주한다는 큰 목적을 가진 여행이지만 여행 가방 한 귀퉁이에 잊혀 가는 이런 아픈 사연을 재조명하고자 함은 한 지아비를 섬기는 한 여자로서 세자를 받들어 함께 포로로 잡혀가 8년간 겪은 피 나는 삶의 발자취, 타국에서 세자빈의 권위를 버리고 왕세자가 실행하기 힘든 일을 자청해서 붙

잡혀 와 있는 헐벗고 굶주린 우리 백성들의 구심적 역할을 한 진취적인 면모, 비록 볼모로 잡혀있는 왕세자이지만 품위나 권위를 잃은 일은 하지 않도록 여자의 몸으로 궂은 일을 대신하며 현모양처와 왕비의 체모(體貌)를 다 하였다는 것을 240년이 지난 지금이라도 무겁지 않을 만큼 여행 가방에 담아가려고 함이었습니다.

청나라와 무역 거래를 한 시초는 소현세자가 볼모 생활을 3년째 할 때에 청나라 왕세자(누르하치의 12번째의 왕자 탕항)가 남몰래 은자 500냥을 주면서 조선에서 오는 인편에 호피와 인삼 등을 사다 줄 것을 부탁받게 된 것이라 했습니다.

강빈이 주도하여 처음엔 비공식적인 밀무역으로 시작하였으나 나중엔 청나라의 황실과 교분을 쌓는 역할을 하게 되어 청나라의 실력자들과 교분을 쌓게 되었습니다. 이로써 그들과의 관계도 서로 정치력을 발휘할 수 있는 수평적인 관계로 발전하여 조선과 청의 무역이 공식화되었습니다. 이후에는 품목도 다양하게 만들어 면포, 수달피, 포범, 가죽, 종이 등의 무역이 성행하여 이를 정례화 함으로써 부를 쌓는 창구를 강빈이 직접 관리하게 되었다고 합니다.

그렇게 해서 쌓인 부로 노예시장에서 팔려 가는 조선의 백성들을 사들여 송환시키는 일을 담당하였습니다. 이렇게 국가 대 국가로 해결하지 못하는 민감한 문제를 민간 차원에서 원만히 수행하므로 인심을 얻게 되었는데, 졸렬하게도 인조는 왕권에 도전하는 행위로 받아들였습니다.

사대부 여성이란 삼종지덕으로 어려서는 부모를 시집가서는 남편을 모시고 남편이 죽은 후에는 자식을 따르는 것이 기본이었습니다. 이렇게 살아가야 함에도 오랑캐의 나라에 가서 오랑캐 생활에 물들었다고 대로하면서 세자빈의 면모를 망각하고 그들과 어울린다는 것은 조국을 배반하는 것이며 나아가서 칠거지악을 범하는 행동이라고 폄하하였습니다.

볼모로 살아온 지 7년째에 강빈은 아버지가 상을 당했다는 소식을 듣고 이버지 상을 치르기 위해 먼 길을 달려 조선으로 갔지만, 인조는 문상하는 것도 허락하지 않았다고 합니다. 왕의 가혹한 처사에 조정의 대신들도 이를 적극 만류하였으나 미움의 골이 깊어진 인조는 강빈을 아버지 빈소에 문상조차 하지 못하게 할 뿐만 아니라 이국에서 7년 동안이나 보지 못한 혈육인 가족들조차도 만나지 못하게 경계하였습니다. 결국 수천 리를 걸어서 찾아온 딸이 아버지 상 앞에 곡 한번 하지 못하고 허망한 발걸음으로 중국으로 돌아가야 했다고 합니다.

최소한 생계를 이을 수 있는 지원조차 끊겨 황무지에서 자급자족하게 되었을 때, 처음에 왕세자는 크게 실망하여 앞날이 암담하다 생각하였으나 오히려 세자빈 강씨는 절호의 기회로 받아들여야 된다고 적극적으로 황무지 땅을 받아들였다고 합니다. 노예 시장에서 팔려나가는 동포들을 안타까운 눈으로만 보다가 수습하여 황무지를 논과 밭으로 일구는 데 주요한 노동력으로 쓴 것도 세자빈이었습니다.

또한 강빈은 아버지를 따라 어릴 때부터 글을 열심히 배웠기에, 이곳에 노예로 끌려 온 조선족에게 성리학의 기본인 삼강오륜과 인과 의를 가르쳐 조선인으로서의 덕목과 심성도 길렀으며 오늘날 조선족 마을에 남아 있는 서당을 세우는 계기를 만들었습니다. 고국에서는 배우고 싶어도 배울 수 없었던 백성들의 설움을 이곳에서 풀게 해준 것입니다.

이렇듯 배움의 터전을 만들어 후에 조선족 1세대, 2세대가 민족의 정신을 이을 수 있도록 근본을 만든 장본인이 강빈이었습니다.

그때 볼모지의 땅을 개간하여 만들었던 농경지 땅에 요즘 아파트가 들어섰습니다. 우리가 입장할 때 중국인이 많았던 것은 세자관을 도서관으로 운영하고 있었던 것이 원인인 것 같습니다. 도서관 건너편으로 보이는 주택지는 원래 죄 없이 끌려 온 백성들과 세자빈의 희망이고 삶의 근원이 되었던 생활의 근거지였습니다.

1644년 멸망 일로에 있던 명나라가 마침내 만리장성을 넘어오는 청나라를 대적하지 못하고 패망했습니다. 마침내 청나라가 중국을 통일하고 수도를 북경으로 옮기면서 심양에 있던 세자의 일행들도 북경으로 자리를 옮겼습니다. 북경의 거처하는 곳에서 가깝게 있는 천주교 남당에 강빈은 자주 가게 되었는데, 그곳에서 천주교 신부들과 만남이 자주 이루어져 세자에게는 큰 변화를 준 아담 샬(Adam schall(1591~1666))을 이곳에서 만나게 되었습니다.

아담샬의 만남은 서양 과학과의 만남이기도 했습니다. 특히나 아담샬은 명나라와 청나라 시대의 국립 천문대인 흠천감의 최고 책임자이자 그 시대의 뛰어난 학자이기도 하여 독보적인 존재로 추앙을 받고 있었습니다. 그런 그의 지식을 직접 체험하고 학문을 직접 배울 기회가 있었습니다.

인조 23년 소현세자와 강빈은 인질 생활이 풀려 귀국길에 올랐습니다. 그때 명나라 궁전에 일했던 천주교 신자와 궁녀를 대동하고 입국하게 되어 많은 관심과 주의를 받게 됩니다. 그들은 8년간 볼모로 있던 시간 속에서 또 다른 세상을 보는 눈을 가진 진취적인 실용주의의 사상을 가지게 되었습니다. 그러나 앞에서 말했듯 귀국 후 소현세자와 강빈, 그 장자까지 사망하면서 소현세자의 시대는 막을 내리고, 동생인 봉림 대군의 시대가 열리게 되었습니다.

소현세자의 묘 소경원

저는 이러한 역사의 그늘에서 이어져 나온 나라에서 태어나고 양육된 몸으로, 국가에 대한 충성도를 가진다는 숭고한 이념은 가지지 않더라 도 최소한 국민으로서 기본적인 소양만 지켜나가는 것으로 국가에 대 한 책무를 다 하는 것이라고 믿고 살아왔습니다.

240년 전 역사의 그늘진 부분을 생각하면 오늘의 나를 부정하고 싶은 생각에, 연암 선생이 깊이 있게 보았다는 영원성 가는 내일의 길은 더 힘든 일정이 되리라 마음이 무겁습니다. 어쩌면 어제 서탑에 그렇게 가 고 싶었는데 안 가게 되었던 것이 오히려 다행이었다고 생각됩니다. 노 예로 끌려와서 이곳에 삶의 터를 닦았다는 서탑의 이야기도 듣기도 싫 어졌습니다.

제3장

영원성 가는 길

사랑을 주면 쇠로 된 자전거도 생물이 된다

며칠 동안 자전거를 탔으면 지금쯤 지칠 때도 되었는 데도 기세 좋게 파이팅하고 있습니다. 여행에 처음으로 참가한 초행자들이 언제 터질 지도 모르는 폭탄이라 요주의하고 있습니다. 아직까지 활기 넘치게 파이팅하고 있는 것이 보기는 좋았지만 언제까지 저렇게 할 수 있을 것인지 의문스럽기까지 했습니다. 특히 그들 중에도 가장 염려스럽게 걱정되었던 용진 님은 오히려 팀의 활력의 아이콘이었습니다.

이 여행에 참가하기 위해서 새롭게 자전거를 구입했고 경험이란 겨우 일주일 동안 자전거를 탄 것이 전부였습니다. 아직 솜털도 벗겨지지 않은 새로 산 자전거로 며칠 동안은 잘 견뎌 왔는데 언제 터질지 모르는 지뢰 같다는 생각이 들었습니다. 그러나 언제든 먼저 파이팅하는 것이

대견하였습니다. 내 몫까지 나잇값을 하는 것 같습니다. 내 나잇값은 계산 안 해도 좋으니 자기 앞가림만 잘 해주기를 바랄 뿐입니다.

'오늘은 어떨까? 내일은 어떨까?' 하고 주시하고 있었는데 아직은 30 대였습니다. 어떤 경우를 당한다 하여도 우리들 사이에서 도와줄 것이란 짐 보따리 하나 정도 옮겨 실어주는 것밖에 없습니다. 그 현실을 아셨는지 외치는 파이팅을 보니 오늘은 그런 염려 하지 않아도 될 듯싶습니다.

단체로 하는 라이딩은 일행 중의 한 사람이라도 어떤 사고를 당한다든가 특별히 컨디션이 나쁘면 그 사람만의 일이 아니게 됩니다. 그 어려움이 전원에게 전가되어 아픔을 함께하게 된다는 것을 알고 서로 간에 용기를 실어주는 눈빛과 몸짓은 서로 도우려는 배려입니다. 그러한 격려 속에 그날의 일과를 만나게 됩니다.

자전거란 묘한 것이, 힘이 들 때는 이 언덕 하나만 넘으면 그만 그 자리에 주저앉을 것 같다가도 다음 언덕을 만나면 '이 언덕만 넘자' 하고 안간힘을 다해 고개를 넘게 됩니다. 그리고 그 언덕 위에서는 '지난 때에도 이보다 더 힘든 것도 넘었는데' 하며 언덕과 화해하게 되는 것입니다. 그 화해를 반복하다 보면 그것이 자전거의 라이딩이라는 것을 알게 되고 자신도 모르게 강건해진 자신의 모습을 보게 됩니다. 그러면 그때부터 쇠로 만들어진 자전거가 생명이 불어 넣어진 생물같이 보입니다. 타고 있던 자전거가 애마(愛馬)로 변신하게 되어 새로운 생명으로 탄생합니다. 쇳덩어리에 불과한 것이 어느 때부터 생명체처럼 느껴지고 육신의 일부분과 같이 생각이 들어 정감을 느끼게 되는데, 심한 고개를 넘다 보면 말 못하는 쇠붙이에 안쓰러움마저 느낄 때도 있습니다.

말이야 쉽게 하지요. 저도 이 말을 하면서도 이 경지까지 올 때까지는 몇 번의 시련을 겪어야 했습니다. 타고 가던 자전거도 그 자리에서 팽개치고 되돌아가고 싶은 생각을 수없이 하였습니다. 저 혼자 하는 여행 같으면 몇 번이고 팽개쳤을지도 모릅니다. 그러나 이런 외국 여행에서는 혼자 되돌아 가려고 해도 대중교통도 없고 언어도 통하지 않을 뿐만 아니라 돌아갈 길을 찾지 못하니 죽기 살기로 따라가야만 하기 때문에 각오가 달라지게 됩니다.

의도한 것은 아니지만 대체로 입국할 때 단체 비자로 하는 경우가 많습니다. 경제성과 편리성에 의해 단체 비자가 좋은 경우가 많습니다. 이렇게 단체로 발을 묶어 놓아 각오를 다진다는 뜻도 되지만 공동체 의식으로 단결력을 응집하게 하는 방법도 됩니다. 이렇게 제도적으로 개인행동을 하지 못하게 제한을 걸어 묶어 두는 것입니다.

대중교통뿐만 아니라 정보를 교환할 수 있는 전화도 없는 오지, 병원도 없어 만약 몸에 이상이 있다 하여도 비상약으로 처방할 수 없다면 자신의 면역력만 믿어야 하는 그러한 곳에서 한 달 이상 여행한 경험이 수차례 있었습니다. 이상하게도 인간이란 어떤 경우에 놓이게 되면 그곳 환경에 적응하고 대처해 나갈 수 있는 절대 전능한 용기와 힘이 생기는가 봅니다. 이러한 것을 인간의 잠재력이라고 하는 것 같습니다.

잠재력이란 우연히 주울 수 있는 것은 아닐 것입니다. 그 잠재력을 발휘할 수 있는 마음과 자신을 믿는 보이지 않는 용기와 배짱이 있어야만 신께서 주신 이런 무한한 능력을 발휘할 수 있습니다.

자신도 모르게 잠재되어 있는 능력은 어떤 특별한 환경에 놓이지 않으면 모르고 넘어가게 됩니다. 아깝게도 자신의 무한한 능력을 발휘할 기회를 가지지 못한 채 평생을 사는 경우가 많다고 생각합니다.

저는 10년 전에 오지 여행할 기회가 있었습니다. 그 여행을 수행하기 위해서는 체력적인 훈련이 필요했는데, 이미 노쇠하여 근육에 힘을 심어둘 수 있는 시기를 넘겨 몸으로 하는 훈련은 물 건너갔다 생각하고 남은 것은 정신력 훈련뿐이라 생각하여 집중하였습니다. 어디까지 견딜 수 있을까 하고 그 한계점을 찾는 정신 훈련을 하다 보니 저도 모르는 사이에 잠재력이란 것을 발견하게 되었습니다.

그 한계를 체험함으로써 체력보다 잠재되어 있는 정신력이 중요하다는 것을 알게 되었습니다. 현지에서 두려움 없이 젊은 사람들과 함께 끝까지 가는 데는 문제가 없는 것으로 인정받았습니다. 힘에는 뒤처지지만 끝까지 가는 정신력은 어쩔 수 없이 인정하여 주었습니다. 저는 극한의 경지까지 도달한 것을 몇 번 경험하고부터는 결과에 연연치 않고 거리낌 없이 도전하게 되었습니다.

자신의 능력을 시험하고 그 능력으로 얻어지는 결과에 보람을 느끼면서 자신을 아름답고 위대하게 여기게 되며 자신감이 생깁니다. 앞으로 어떤 난관과 시련이 닥쳐도 물러남 없이 맞짱 떠보려는 용기와 긍지가 생깁니다. 설혹 그것이 무모하고 가치 없는 것이라 하더라도 도전한다는 의식에는 항상 변함이 없어져 모든 것이 자신의 손안에 있는 것 같고 자신의 마음속에 있는 것 같이 용기 충만해집니다. 성취한다는 만족 외에 또 다른 것은 참여에서 얻는 만족입니다. 결과는 후순위로 생각하고, 우선은 덤비고 봅니다. 그래서 못 말리는 늙은이가 되는가 봅니다.

이번 여행에 참가하는 전원이 이러한 자세를 가지고 함께 여행에 임하여 주셔시 감사했습니다. 특히 처음으로 장기간인 이 여행에 참가한 최고령자 용진 님이 오늘 아침처럼 용기 백배하여 도전하는 모습이 전원에게 힘을 불어 넣어주는 동력의 원천이 되어 보기 좋았고 가장 나이가 많은, 더구나 초심자가 파이팅 하는데 안 따를 수 없게 팀의 분위기를 유도하는 힘이 일당백이 되었습니다.

처음 이 여행에 임할 때는 여행 기간이 한 달쯤이 되고 주행하는 거리가 2,000km가 넘는다고 해서 산간 지방을 통과하여야 하는 곳이라면 어느 정도 업힐 구간이 있을 것으로 짐작하였습니다. 그러나 강에는 다리가 놓여졌고 산도 있었지만 터널로 이어져서 업힐 구간이 없었습니다. 우리나라처럼 산간 지역이 많지 않아 심한 업힐 구간이 적어 이러한 도로 여건과 여행 일정에 비해 2일 정도 스케줄이 앞당겨지게 되어 계획된 일정이 반이나 남았는데 열하까지 800km정도 밖에 남지 않았습니다.

계획적으로 임도를 선택하였다면 『열하일기』의 그 길이 자전거 코스로는 완벽한 장비를 갖춘 비박 여행이 제격이라 생각됩니다. 이러한 여행의 코스와 성격을 구분한다면 아담한 여성스런 코스라 하겠습니다.

제 4 장

영원성(寧遠之戰)

영원성에는 네 귀퉁이마다(동서남북) 출입문이 있었습니다. 망루에 올라가는 길이 있었지만 계단 길이라 자전거로는 다닐 수 없었습니다. 성곽의 높이는 5~7m나 되고 망루의 길은 짐 마차가 다닐 수 있게 폭이 3m 이상이나 된다고 해서 성루에 올라갈 수 있는 길을 찾아 보았으나 동문이나 남문은 올라갈 수 없게 되어 있습니다.

영원성은 누르하치뿐 아니라 홍타이지도 공략하지 못한 철옹성이었습니다. 광둥 사람 원숭환이 영원성을 철옹성으로 만든 주인공으로 무력으로는 성문을 열지 못하게 한 탁월한 문관 출신 장수였습니다. 더욱 훌륭하게 생각하는 것은, 어느 전투든 꼭 무관 출신이어야 만이 임전할 수 있다는 불문율을 깨었다는 점이라 생각합니다.

더군다나 상대는 10배가 넘는 군사력으로 백전백승하였다는 무패의

장수로 이름이 난 청나라를 건국한 누르하치였고, 그가 직접 진두지휘하여 두 번이나 공략했음에도 성을 무사히 지켰습니다. 대를 이어 누르하치의 후손인 홍타이지도 침략했으나 성을 사수했습니다.

난공불락의 성이라지만 우리들이 타고 가는 철마(자전거)에게는 쉽게 문을 열어 주었습니다. 시가지는 400년이 지난 도시답지 않게 중국 특유의 옛 모습 그대로였습니다. 자전거로 전부 둘러보기에는 시간이 소요될 것 같아 중앙로에만 들렀습니다. 일행 중에 구수한 입담과 학구적인 용진 님이 계셨습니다. 자전거 여행으로 외국 여행은 처음이라는 분이 언제 준비를 하였는지 가는 곳마다 현지 가이드를 자청하였습니다.

보는 사람의 관점에 따라 사물이 달리 보이는 것은 당연하지만 특히 여행은 사전 정보를 가지고 보고 느끼는 감이 특별했습니다. 준비된 식견으로 보는 사람과 맹목적인 시각으로 보는 사람과는 여행의 질의 차이는 엄청난 차이를 가지게 되니, 그런 면에서 용진 님은 우리 일행들에게 많은 도움과 즐거움을 안겨 주었습니다.

여행에 참가한 사람들이 서로 각기 자기 나름대로 보는 관점에서 의견을 교환하는 자리가 여행의 재미를 배가 시켰습니다. 오늘 여행의 영원성 이야기가 그러했습니다. 영원성 전투의 원숭환 장군과 청나라의 누르하치의 전투는 임진왜란 때 권율 장군과 행주산성 전투를 빗대어 이야기하여 줌으로 이 영원성을 다시 한번 더 쳐다보게 만들었습니다.

1640년 홍타이지가 46세 때, 아버지 누르하치가 두 번이나 성을 함락시키려다가 실패하고 그 후유증으로 별세하자 그 원한을 갚고자 성을 함락시키려 하였으나 결국 성문을 열지 못했습니다. 그러자 궁리 끝에 간계를 써서 명(明)나라의 내시를 매수하여 원숭환의 승전을 질투하던 명나라의 조정관리 위충현과 왕영광을 끌어들였습니다. 그들이 원숭환을 모함하자 이를 믿은 숭정제가 수차에 걸친 청나라의 침공에도 방어해낸 원숭환을 능지처참하였다고 합니다. 그 후 원숭환을 따르던 부장 조대수 형제는 청나라에 투항했고, 그로 인하여 명나라는 영원성과 금주성을 잃게 되었습니다. 이렇게 방어망이 뚫려 명나라는 멸망의 길로 접어들게 되었다고 합니다. 이 영원성을 들러보고 가는 여행길은 『삼국지』에 모계 함락편을 듣는 손자병법의 역사의 현장에 서있는 것 같았습니다.

영원성 전체를 돌아보려면 도보로는 부지런히 다녀도 1시간이 소요될 것 같아서 망루에 올라가서 홍의포를 만나는 것으로 만족했습니다.

이 시대부터 중국의 전쟁사가 변한 것 같습니다. 청나라가 가지고 있던 홍의포보다 명나라가 가지고 있는 홍의포는 그 성능면에서 뛰어났습니다. 포의 사거리가 50m 더 긴 네덜란드 포를 수입하였던 것이기 때문입니다. 명나라는 청나라 포의 사격권에서 벗어나 청나라군이 접근하기 전에 사정거리가 더 긴 포로 접근을 막았습니다. 명나라는 각 성의 방어 태세에 구조를 변경하여 위력이 더 큰 홍의포를 300기나 더만들어 성곽에 배치하여 방어에 썼지만, 성이 함락되자 오히려 적국에게 전투력을 증가시키는 역효과를 가져왔습니다.

영원성 전투 때부터 무기의 현대화와 선진화가 중요하다고 느껴졌습니다. 이때까지만 하여도 전쟁에 동원된 무기란 칼과 활이 전부였습니다. 재래식 무기로 싸우는 육탄전에서는 천하무적이라는 팔기군의 위세는 대단하였지만 홍의포의 위력 앞에는 고양이 앞에 쥐 꼴이 됩니다. 높이 쌓은 성으로 적군을 막는다는 전략을 쓰고 그 성에 접근하기 전에 홍의포로 근접을 막아 일차적으로 저지하는 만리장성을 쌓아 국력을 과시하고 침략을 미연에 방지하는 걸 목적으로 하니, 그때부터 무기의 현대화가 거듭된 것 같습니다.

성안에 거주하는 사람들의 생활상을 보니 옛날의 그 모습 그대로 잘 보존되어 있었습니다. 시가지 모습을 보니, 몇 번의 청나라의 집요한 공격에도 함락당하지 않고 성을 지킬 수 있었던 것은 새로운 무기의 홍의포의 위력도 있었겠지만 원숭환이 문관 출신답지 않게 면밀한 응전 태세로 응전한 전투 자세 덕이었던 것 같습니다. 전투 요원을 현지화하고, 군사를 독려하는 지휘관급은 꼭 현지인을 채용하여 용기를 백배하고, 향토를 지키고자 하는 애향심을 북돋워 후퇴할 시에는 가족과 함께 참상을 겪게 될 것임을 주지하여 결사 항쟁하는 자세를 심어주었습니다. 성 안에 있는 주민들은 비전투 요원이지만 지원해 주는 요원으로 편성하여 응전에 임할 수 있게 하였습니다.

누르하치의 130만 정예군을 2만의 군사력으로 대응할 수 있었던 것은 사전에 면밀한 응전 태세를 세운 덕이라 하지만 더욱 중요한 요인은 마을 주민을 이용한 전투력 증강입니다. 마치 우리나라의 행주대첩과 같다는 생각입니다.

특별나게 보이는 것은 조대수의 형제의 패루였습니다. 패루는 서로 마주 보고있어 동생 패루와의 간격이 100m도 안 되는 거리에 위치하고 있었습니다. 이 패루는 전공을 세운 장수에게 내린 전승탑과 같은 의미입니다. 가문의 영광이기도 하고, 다음 세대들에게 명예로운 가문이라는 것을 계승하기 위한 교훈적인 의미를 가진 조형물이었습니다.

　연암 선생이 이 패루를 보고 '두 형제가 청나라에 투항한 것을 보고 장수로서의 명성이 무너져 후세 사람에게 비웃음과 손가락질을 당하고 말았으니 패루가 무슨 소용이 있으리요'라고 하였다고 합니다. 원숭환의 이야기를 들어보면 성을 지키기 위하여 네덜란드산 홍의포를 30문 구입하여 산해관에 19문을 배치하고 영원성에는 11문을 배치해 방어망을 구축하였다고 합니다. 산해관을 영원성보다 더 중히 여겼는가 봅니다.

　그때의 팔기군의 전투력은 글자 그대로 천하무적이었다고 합니다. 북쪽의 산간 지방에서 축산으로 살아가는 기마 민족(여진, 말갈, 몽고족)은 태어날 때부터 생활이 군사훈련 받은 것과 같았다고 합니다. 병장기만 들면 바로 잘 훈련된 기동성 있는 군인으로 변신할 수 있어 8가지 기능별로 편성하여, 그 군대의 용맹성과 전투력은 인접한 나라에서도 팔기군이라 하면 응전하지도 않고 성문을 열어주는 천하무적이라 하였습니다.

　덧붙여 홍의포를 도입한 서광계는 영원성에서의 승리 덕분에 홍의포의 위력과 함께 자신의 선택이 옳았다는 것이 알려지자 다시 조정으로 불려갔다고 합니다. 그리고 홍의포의 대량 생산 담당을 맡아 독일인 신부 아담 샬의 조언을 받아 대량 생산으로 찍어낸 홍의포의 숫자가 첫 해에만 무려 400여 문, 2차로 150문이었습니다. 서광계는 명나라의 각 함선과 성벽을 홍의포로 완전무장 시키며 청나라 방어전선 시스템을 완벽하게 만들었다고 합니다. 그러나 그 시스템을 확립한 것도 사람이고 그 무적의 방어선을 무너뜨린 것도 사람이었습니다. 결과적으로는 외부가 아니라 내부에서의 일어난 이간책으로 성문을 열게 하였다고 함

은 무기보단 사람이 더 폭발력이 있었던 것 같습니다. 막강한 군사로도 뛰어난 지략으로도 대를 이은 집요한 공략에도 성을 함락 못하여 글자 그대로 난공불락의 성으로 이름을 남긴 영원성도 결국 한 사람의 배신으로 문을 열어주고 그 시대를 마감하게 되었습니다.

이번 중국 여행은 『열하일기』 속의 문물을 본다는 안목으로 연암이 다녀간 곳을 들러보고 그때의 명나라와 청(淸)의 두 양대 국가 간의 격변기가 조선 왕조의 역사에 끼치는 영향을 읽는 여행입니다. 문물의 발달사는 그들의 전쟁사에 연계해서 이어져 온 것이라 생각하게 됩니다. 단순히 『열하일기』 속의 그 길을 간다는 의미는 그들의 전쟁사를 보는 것이 여행의 전부인 것 같이 느껴졌습니다.

호산산성이나 영원성, 그리고 산해관이나 만리장성은 말할 것도 없고 전부 보이는 관광의 대상물은 전쟁의 현장이었습니다. 우리가 가는 최종목적지인 승덕의 피서 산장도 그렇습니다. 말로는 피서 산장이었지 북방을 경계하기 위한 군사 요충지로 작전회의 하는 참모실이나 다름 없다고 보입니다.

우리나라 5천 년의 역사 속에 전쟁이란 나당(羅唐)연합군에 의한 삼국통일과 그밖에 전쟁이란 국지전으로 한두 번밖에 없었던 걸로 압니다. 유구한 역사 속에 겪어왔던 전쟁의 형태는 전체가 외래에 의한 것으로써 살펴보면 일본에 의한 임진왜란과 청나라에 의한 두 차례의 호란과 수차례에 걸친 국경분쟁은 외침에 의한 것이지 우리나라 자생적으로 생긴 전쟁이 아니었고 타의에 의한 전쟁이었으며 주위 열강들의 대리전의 전쟁터였습니다.

왜국의 속국이 되었다가 해방이라는 기쁨을 얻기도 전에 양대 진영의 대리전으로 아직까지 분단이라는 아픈 상처를 가지고 살아가고 있습니다. 아직까지 강대국의 영향력 속에서 살고 있는 약소 민족의 일원이

전범국인 청나라와 명나라의 전신인 중국에 와서 여행하고 있다는 것은 다시 한번 이 나라를 다른 시각에서 보고 가야 하겠기에 감개가 무량하다 하겠습니다.

중국은 중화의 나라라고 하면서 수십 번의 전쟁으로 이뤄 온 나라답게 전쟁사에서 함양된 허허실실(虛虛實實)하는 국민 정서를 영웅시하고 모방의 문화를 사회 발전의 기본이라고 알고 있는 이 나라에서 무엇을 보고 무엇을 느끼고 가야 할지 이 여행 가방 속에 채울 것이 하나도 마땅한 것이 없을 것 같습니다. 한편 살아남으려면 허허실실(虛虛實實)하는 사고와 남을 기만하고 모방하여야 살아갈 수 있다는 곳에서 무엇을 여행 가방에 넣고 가려는지 모르겠습니다.

관광이라는 것은 아는 것만치 보인다고 하시는 말씀이 맞는 것 같습니다. 역사나 그림이나 도예나 건축미 같은 것을 볼 수 있는 식견이 없는 나로서는 『열하일기』 그 길 위에 자전거를 타고 그곳의 풍경을 눈으로 보는 것에만 만족합니다. 이 나라가 제일로 자랑하는 만리장성의 동북쪽의 첫머리 산해관에서 서역의 끝 지점인 가욕관까지 전 만리장성을 타고 넘은 것을 제 자전거 바퀴 밑에서 보게 되었으니, 그렇게 웅장하고 거대하다는 장성도 제 여행 가방 속에 꽉 채워 넣고 가는 것에 부족함이 있어 장성이란 것이 언제라도 넘을 수 있는 언덕일 뿐이었다고 생각하게 됩니다.

"만리장성은 언제나 그곳에 있다.
마음만 먹으면 언제라도 넘을 수 있는 언덕일 뿐이다."

가방을 무겁게 채워서 다니는 것도 길을 어렵게 하겠지만 아무것도 넣지 않고 빈 가방으로 다니는 것도 부끄러운 일이라 허허실실(虛虛實實)이라도 채우고 다녀야겠습니다.

늘상 다녔던 길도 오늘 다르게 보이고 또 내일 다르게 느껴집니다. 항상 다니는 길에 의미를 부여하고 다닙니다. 매일 타는 자전거도 가는 길을 의미를 가지고 다니면 그 길이 다르게 느껴집니다. 어떤 때는 기록을 체크하며 다니면 괜히 급해집니다. 기록을 단축한다고 상 줄 사람도 없는데 그 숫자 놀음에 힘들어지면 안 되겠다고 마음 먹어도 길에만 나서면 급해져서 호흡이 가빠집니다.

영원성에 특별한 먹거리로 땅콩 강정을 추천합니다. 과연 이곳의 명물다웠습니다. 상가 여러 곳에서 떡메로 쳐서 만드는 수제 강정은 재료가 다양한 견과류로 만들어 성업 중이었습니다.

국토가 넓은 관계로 한대와 온대를 한 계절로 살아가는 국민들이라 식성이 다양합니다. 듣도 보도 못한 견과류로 만들어진 것도 있어 입에 넣기에 바빠집니다. 견과류 강정은 자전거 타고 다니는 여행객에게 가장 적합한 간식입니다. 음식의 휴대성과 무게도 좋고, 먹는 데 필요한 도구도 필요 없어 쉽게 먹을 수 있으며 열량이 높은 식품이라 에너지 보급에도 탁월했습니다. 영원성의 시장통은 생활의 집기나 상품의 진열 방식이나 모든 것이 우리나라의 시장통과 다름이 없었습니다. 중국인들의 특유의 왁자지껄하는 소란스러움만 없다면 한국의 어느 시장통 같았습니다. 분위기로만 봤을 때 역사를 왜곡하는 몇몇 가지를 자기네 나라 것이라고 우길 만도 했습니다.

연암은 사행단 일원으로 여정에 참가하였지만 정식 임원이 아니고 사행단의 정사인 사촌 형의 수행원 자격으로 합류한 것이었습니다. 공무에 부담이 없어 문물의 견학에만 관심을 가져 일행들과 떨어져 나와 밤거리를 배회하고 혼자서 견문에만 관심이 있었습니다.

"달빛을 따라 가상루에 들러서 여러 사람을 이끌고 함께 예속재에 이르렀다. 밤이 이슥하도록 이야기하다가 헤어지다."

『열하일기』「성경잡지」 중에 기록되었다는 영원성 이야기에 우리도 가

상루을 찾아 밤거리를 들러보았습니다. 중국 사람들의 전시욕과 과시욕은 익히 들어서 알고 있었지만 밤거리를 나가보니 특별하게 보였습니다. 낮에는 한산하게 보였던 시내 풍경이 밤이 되니 어느 전시장의 축제장같이 현란한 네온으로 거리를 장식하였습니다.

결혼식장이나 축하연 개업을 알리는 장소에서 딱총 폭발음을 내는 것으로 알고 있었지만, 밤에도 장소를 가리지 않고 행하는 것을 보았습니다. 밤거리에서 듣는 폭발음은 어느 상점이 개업을 알리는 소리라 이곳 사람들은 무심하게 듣지만 이런 문화에 익숙지 않은 관람객에게는 놀라움에 충격적이었습니다.

팔기군의 이름

6.25 사변 당시에 중국에서 지원된 군인을 인민군이라고도 칭하고 중공군이라고도 하지만 공포감을 주기 위해서 한 가지 이름이 더 있었던 것으로 기억합니다.

그때에도 중공군을 팔기군이라고 불렀습니다. 그것이 기억 속에 남아 그 단어가 생소하지 않았습니다. 이곳에 와서 느낀 것은 팔기군이란 무적의 부대라는 뜻으로 상대를 기를 꺾기 위해서 부르는 이름인 것 같습니다.

우리나라가 베트남 전투에 참전하여 전공을 세워 청룡부대라고 하는 이름과 같은 효과인 것 같습니다.

제4부

천안문 광장
(天安門 廣場)

길 위에서 길을 묻다 질량불변(質量不變)

먹은 것만큼 토해낼 수 있어 좋았습니다.
양질의 음식이든 거친 음식이든 먹은 양만큼이나
소화과정에서 발생하는 에너지는
한 치의 오차도 없이 표현되는 것은
자전거 바퀴 굴러가는 길 만큼이나 보답되어
여기에서도
질과 양의 불변의 법칙이 적용되어 다행스럽습니다.
어느 누구에게도 불공평함이 없었습니다.
어떤 음식물이든 식도를 거쳐 위 속까지 운반과정을 거친 것이라면
양질이든 거친 음식이든
결과치는 자전거 바퀴 굴러간 거리로 보답하게 됩니다.

많이 갔든 적게 갔든 거리는 길고 짧음이 있을 수 있겠지만
마지막 귀착점은 한 곳이라는 것이 공평해서 좋습니다.

어떤 짐을 지고 가야 하고
어떤 짐을 남겨 놓고 가야 하는지
그 짐이 또 어떤 질과 양으로 변화가 될 것인가를
전능하신 절대자에게 물어보고 가야 됩니다.

2014년 가을

제1장

천안문 광장이 넓다 한들

천안문 광장이 넓다 한들 네 자전거 바퀴 밑에 있소이다

 천안문은 1417년에 명 영락제에 의해 건설되었던 승
천문(承天门)이 그 전신으로, 청(淸)대에 불탄 것을
1651년에 재건해 천안문이라고 부르게 되었습니다.
여의도 광장의 8배의 넓이라고 뻥을 칠 만도 했습니다. 동서의 길이가
880m, 남북의 폭이 500m나 되어 천안문 광장은 세계 최대 크기의 광
장이라고 자랑할 만했습니다. 광장 북쪽에는 천안문과 고궁(자금성)이
있었고 광장 내에는 마오 주석 기념관(중국의 건국자인 마오쩌둥의 시
신이 안치되어 있다고 함)과 인민영웅 기념비가 있었고 광장 주변으로
는 인민대회당 등이 중국 근대사의 무대가 되었습니다. 천안문은 중국
정치의 중심이 되는 광장이었습니다.

몇 년 전만 해도 천안문 광장에 들어가려면 줄을 서서 보안검사와 가방 검사와 여권을 보여주고 들어가야만 했습니다. 더군다나 적대 국가나 다름없었던 대한민국의 자전거 여행인이 자국의 국기를 달고 단체로 자전거로 광장 앞을 질주하는 것은 감히 상상도 하지 못할 일이었습니다.

1988년 1월부터 개방되어 일반인도 천안문에 자유롭게 들어갈 수 있게 되었다고 합니다. 축제일에는 누상에 8개의 커다란 등이 걸려 모택동이나 주은래 등 역사적으로 중요한 인물들의 초상화와 함께 걸립니다. 중앙의 가운데 문 위에는 모택동(마오쩌둥)의 대형사진이 상시 걸려있습니다. 모 주석의 사진은 매년 한 번씩 엄선된 유명 화가가 1년에 걸쳐 만든 완성된 작품만 걸리게 된다고 합니다.

천안문 광장을 질주한 우리들 일행들 중에는 6.25사변을 겪지 않은 세대들, 인민군이라는 이름만 책에서 들어본 이야기인 세대들이 많지만 필자는 그때 당시 초등학교 6학년이었습니다. 벽촌에 살았기 때문에 피난길에도 오르지 못하였습니다. 그때 조금 더 성숙하였더라면 부역이다 군역이다 하고 동원되어 생사의 위험을 겪어야 했을 것입니다. 그런 세대에 살았던 사람이 천안문 광장에 태극기를 꽂고 광장 앞을 질주하는 감회가 남달랐습니다.

이래도 되는 건가 하고 조심스럽지만 아무 제지도 받지 않았습니다. 조금 아쉬웠던 것은 카메라를 들고 영상을 촬영하면서 질주하는 것은 하지 못하게 하였습니다. 안전을 염려해서 제지하는 것인지 알 수 없었습니다. 그렇다고 천재일우의 기회를 그냥 지나칠 수는 없었지요. 시원하였습니다. 상쾌했습니다. 태극기를 휘날리면서 보란 듯이 광장을 누비며 앞차와의 간격을 5m~10m 줄을 서서 대열을 만든다면 대열의 길이가 50~100m의 길이로 달리는 맛이란 이곳에 와서 자전거 타는 맛의 백미였습니다. 자기네들의 자존심의 턱 밑에서 태극기를 날리면서 달리는 자전거 퍼레이드는 운집하고 있는 천안문 관광객들이 더러는 박수까지 쳐주는 그 맛에다 압록 강변을 달리는 맛과 겸했으니 이곳 자전거 여행의 본전은 뽑았다고 생각합니다.

더구나 자전거를 타고 천안문 광장을 가로질러 달리면서 듣는 〈북경의 55일(55days at peking)〉 행진곡이 여기 자전거로 굴러가는 소리와 발 맞춰 듣는 음악은 나를 주연 배우(Chalton heston)가 된 것 같은 착각을 이루게 하였습니다. 영화는 세트장(마드리드)에서 촬영하였지만 우리들은 실제 현장에서 발생하는 군중들의 소리와 영화 속의 음악을 합쳐서 들을 수 있었습니다. 기획되고 연출된 작품이 아닌 사실 그대로 생음악으로 촬영한 것을 동영상으로 제작하여 QR코드를 만들어 책 속에 삽입하였습니다. 참고하시기 바랍니다.

천안문 광장의 크기가 동서의 거리가 880m라 하여 한참은 달릴 줄 알았는데 인민대회당을 지나니 자금성으로 들어가는 길과 연결되어 자금성 내부로 들어가게 되었습니다. 들어갈 때는 자전거를 휴대할 수 없어 보관시켜놓고 입장하여야 했습니다. 자금성을 관람하고 반대쪽으로 나와 자전거를 찾으려 되돌아 나와야 하는 번거로움이 있었습니다. 자금성은 몇 번 방문하였던 터라 오늘은 자금성 외부를 한 바퀴 돌아보는 시간을 가지고 상황에 따라 시간이 주어진다면 내부를 돌려보기로 하였습니다.

자전거로 타고 다닌다는 것도 만만치 않았습니다. 천안문과 접해 있는 데다 자금성에 몰려드는 관광객들이 많아 병목현상이 일어나는 지섬이라 일반차량은 통행할 수 없다고 하였지만 상상을 관리하는 공용차량들도 있어 보행조차 자유롭지 않았습니다. 그러한 환경에 자전거를 탈 수 있는 상황이 아니라서 우리는 교통난을 피해 조금 우회하여 자금성을 중심으로 완전히 외곽으로 한 바퀴 돌아보았습니다. 그 후에도 자금성 안에 들어가 관람할 시간은 넉넉하였습니다.

이런 것이 자전거 여행자만 누릴 수 있는 특혜였습니다. 자전거가 아니면 감히 생각도 못 할 일을 "못 말리는 늙은이답게" 거침없이 행하였으니 동행인들도 처음에는 상상도 하지 못했던 방법이었지만, 같은 시간에 자금성을 한 바퀴 돌아보고 성안에까지 관람할 수 있는 이벤트에 만족한 것 같았습니다.

이런 장소에서 자전거를 타고 주행할 때 앞 사람을 놓치면 길을 잃을 가능성이 있습니다. 미아가 되기 쉽기 때문에 앞에서 리드하는 사람이 일관성 있는 주행속도를 지켜주어야 했습니다. 뒤따르는 사람은 간격을 유지함으로써 중간에 끼어들 수 없도록 주행하면 사고를 미연에 방지할 수 있습니다. 안전을 최우선 하는 방어 운전으로 각자가 뒤따르는 사람을 리드하면 앞 사람과의 간격을 유지할 수 있어 주변에서 볼 때 잘 훈련된 팀의 규모 있는 라이딩이라 생각하여 길을 비켜줍니다. 경찰차도 특별한 행사인 줄 알았는지 교통 정리에 최우선하는 수신호를 해주었습니다.

자전거를 이용할 수 있어서 다행스럽게 천안문 광장을 전부 다 들러보게 되었습니다. 이런 경우 하는 말이 있지요. 도둑질도 손발이 맞아야 한다고 하는 말이 우리를 두고 하는 것 같습니다. 잘 훈련받아 온 사람처럼 일관성 있는 단체행동을 하는 오늘 우리 대원들이 대견하고 자랑스럽습니다.

이렇게 큰 광장이 어떻게 사용하여졌을까를 생각해 봅니다. 광장의 본 기능은 대규모의 집회나 행렬, 경축 행사 등 시민들이 참여하는 응집력을 표출하는 장소로 사용하였으리라 봅니다. 말이 광장이지 이것은 끝이 없는 공간이었습니다. 넓은 곳을 축구장을 비유해서 말하지만 이곳에 축구장을 비유할 수 없는 넓이였습니다. 감히 40개의 축구장이란 상상도 할 수 없는 크기입니다.

중국의 문화대혁명과 천안문 사태도 이곳에서 행한 대표적인 사건이라고 생각합니다. 이런 역사에 남을 대행사가 성공적인 결과를 가지지 못한 것은 역으로 생각해보면 이 광장이 너무 넓어서가 아닌가 생각하는 생각을 해 봅니다. 청중들의 단결력을 과시할 수 없었고 군중심리를 이용한 응집력을 보일 수 없는 워낙 넓은 곳이라 탱크도 마음대로 질주할 수 있었을 것입니다. 그래서 그 유명한 탱크와 맞선 탱크맨이 생긴 것 같습니다.

마오쩌둥(毛澤東) 체제 말기인 1976년 4월에 있었던 대중반란과 1989년 6월 4일 미명에 민주화를 요구하며 베이징의 천안문 광장에서는 연좌시위를 벌이던 학생·노동자·시민들이 계엄군과 맞서다가 결국 동원한 탱크와 장갑차로 인해 해산되는 과정에서 발포하여, 많은 사상자를 낸 사건이 있었습니다. 탱크 앞에 서서 탱크의 진입을 막은 탱크맨이 있어 진압군과 대치한 사진이 세계인의 이목을 집중 시켰던 것이 기억이 납니다. 그때의 흘린 피가 광장을 피로 물들게 하여 글자 그대로 붉은 광상이 되었나는 것이 아닌가 생각해봅니다.

이곳 천안문 광장의 민주화 운동은 성공은 하지 못하였지만 그때의 민주화 훈풍은 고양이를 잠 깨우는 효과는 있던 것 같습니다. 검은 고양이는 동쪽에서 흰 고양이는 서쪽에서, 등소평이 말한 것처럼 흑묘백묘론[黑猫白猫]으로 쥐만 잘 잡으면 된다 하여 제 소임을 다 하고 있는 것 같습니다.

국기 게양식

모든 나라는 그 나라를 상징하는 국기를 게양하는 행사가 하나의 관광 상품이 됩니다. 특히나 독립역사가 길었던 나라들의 국기 게양식은 의식화 되어 관광객들이 그 시간을 기다리게 합니다. 함께 참여하고 즐기는 시간으로 만들기도 합니다. 고유한 그 나라의 의상을 입은 것은 볼만했습니다. 노르웨이 같은 나라는 그 나라의 전설이 담긴 나막신을 신은 것이 특별하였으며 복장도 우주복과 같은 것을 입고 머리에는 동물 모양을 흉내 낸 깃털과 장신구로 무장한 채 구령에 맞춘 행사는 관광객에게 시간을 알리는 알람 시계 역할까지 하였습니다. 캐나다와 신대륙 미국 같은 나라에서는 대륙을 발견할 당시를 상기시키는 복장을 하여 그 나라의 발전사를 보는 듯하여 그 나라의 역사를 극명하게 표현하였습니다.

　모든 나라들의 국기는 어떻게 선택되었든 지금까지 아무 수난 없이 자력으로 잘 지켜 나왔지만 약소 국가들의, 특히 우리 한반도의 국기는 피로 얼룩진 항쟁의 표현이었습니다. 지정학적인 특징으로 동서양 열강들의 틈바구니에서 5천 년의 역사 중 어떤 나라에게는 수 세기 동안 지배를 당하여 오다가 그 나라의 운명과 같이 이 나라에서 저 나라로 우리 뜻과는 상관없이 이양되기도 하다가 근세에 와서는 열강들의 원플러스 원(1+1) 신세로 전락하여 이제는 그것마저도 모자라 두 조각으로 찢어져 하나는 붉은 색깔로 변모되어 있습니다. 국가를 상징하는 국기(國旗)가 어떤 그룹 나라들은 특별하게 국기가 왜 붉은 색깔만을 선호하는지 모르겠습니다. 이북이 그렇고 공산주의 종주국 러시아와 중국, 베트남 등 붉은 색깔입니다. 붉은 색깔이 아니었더라면 우리나라 태극기 같이 달나라에도 가고 화성에도 갔을 터인데~

　천안문에서 중국의 국기(오성기) 게양은 1949년 10월 1일 중화인민공화국 건국을 알리는 게양은 마오쩌둥(모택동)이 처음 날려 그때부터 정례화하여 10월 1일은 건국일이라 대대적인 국기 게양식을 하였고 그 이후 특별한 날에만 국기를 게양하다가 요즘은 어떤 특별한 날씨와 관계없이 매일 상시적으로 국기를 날리는 게양식과 하강식 행사도 겸한다고 합니다. 피로 물들인 천안문 사태 이후에 어느 정도 자유화된 국가의 기틀이 이루어져 나라를 사랑하는 애국심을 고취시키는 행동의 표현으로 오성기 국기로 게양식을 근엄하게 실행한다고 합니다.

국가의 체제에 따라 국기 게양식의 모습은 달리하는 것 같았습니다. 공산주의 체제에서 생성된 나라 쏘련 연방 영향권에 있었던 나라를 위시해서 중국이나 베트남 공산주의 체제에 있었던 나라에서는 국기 게양식이나 하양식에는 국가에 대한 충성심을 앙양하는 모습 이전에 체제를 수호하기 위한 강요된 행동으로 보여 여기에 동원된 이장대나 군악대는 인권을 유린하는 참담한 모습으로만 밖에 보이지 않았습니다. 오늘 우연히 이곳에서 국기 게양식을 보게 되었습니다. 이장대의 행열의 발소리는 물론 기수들의 손가락 하나하나 움직이는 행동은 절도가 있었고 숨소리마저 호흡을 맞추는 것 같이 보였습니다. 장엄하고 아름답게 보여야 할 국가에 대한 충성심을 고취시키는 행사장이 살기마저 느껴졌습니다. 1949년 10월 1일 건국하여 2019년에 70주년 건국 기념 행사는 그 규모가 전무후무한 것으로 세계의 첫 번째로 꼽히는 행사로 정평이 난 천안문 광장은 중국만이 할 수 있는 행사로 추앙받고 있다고 합니다.

팔
순
바
이
크

몇 년 전에 서역으로 가는 자전거 여행길에 숭산에 있는 소림사를 방문하는 기회가 있었습니다. 마침 방문하는 날이 국제대회가 있는 날이라 오성기 게양식에 참관하게 되었습니다. 그때 소림사 국기 게양하는 의장대는 소림사 고유의 구령에 맞춘 국기를 펼치는 동작은 기를 불어넣은 하나의 기예를 보는 듯하여 소림사답다고 봤습니다.

이곳에서 국기 게양식과 비교하여 보게 되는 것은 그때의 소림사에 보인 기수의 국기를 펼치는 모습은 권법에서 창안된 것이 아닌가 하는 경이롭고 장엄하게 보였지만 이곳에서 군복을 입고 국기를 게양하는 모습은 소림사에서 게양하는 동작은 같았으나 구령에 맞춘 행동은 같은 오성기인데도 군 제식훈련 하는 것같이 보여 국가에 대한 존엄과 충성의 기를 펼치는 그런 장엄함은 없고 틀에 꽉 박힌 기계적인 행동으로만 보였습니다. 이렇게 하였든 저렇게 하였든 하나의 소속감으로 국가에 대한 충성을 다지는 행사라고 봐 숭고하고 장엄하게 보였습니다.

우리나라 국기는 다른 어떤 나라와 또 다른 의미를 가진 국가의 상징이었습니다. 건국 이래 유구한 역사 속에 국가의 상징인 태극기를 지켜오다가 근세에 이르러 일제의 압제에 조국의 땅은 짓밟혔지만 민족의 혼이 담긴 국기(國旗)를 지킨다는 뜻에서 태극기를 품에 품고 살아온 우국지사의 애국충정의 상징물인 태극기는 우리 모든 국민들의 생명줄과 같이 오늘날까지 지켜왔습니다. 이는 다른 어떤 나라의 국기와는 다른 의미를 가진 영욕의 세월을 지켜온 국가에 대한 충성의 표상이었습니다.

천안문 광장의 탱크 멘

이 사진은 외국 신문 기자가 찍은 사진을 발췌한 것입니다. 1989년 6월 5일 천안문 광장에서 민주화 운동 시위대를 해산할 목적으로 투입된 탱크가 질주하고 있을 때 달리는 탱크 앞에 용감하게 다가선 한 시민이 탱크가 이리저리 피해서 가려는데 탱크 앞에 다가가 진로를 가로막고 있었습니다. 탱크가 후퇴를 하지 않자 탱크 위에 올라가 대화를 유도했지만 이루지 못하자 다시 내려와 탱크를 가로막고 독재 공산주의 정권에 맞서고 있었습니다.

그때 자전거를 탄 사람이 나타나 그를 구출하지 않았다면 탱크가 그를 밟고 갔으리라 봅니다. 그때 천안문 광장에서 총칼과 탱크로 깔려 죽은 사람이 중국 당국에서 발표한 사람만 500명이라 하였고 부상당한 사람과 합치면 수천 명이 넘었다고 합니다. 그렇게 넓고 좋은 광장을 두고 그렇게 많은 인민을 동원하였으면서도 민주화 운동이 성공 못한 원인은 무엇 때문일까요. 멀지 않은 이웃 나라에서는 몇천 명의 촛불로써도 성공하는데 중국에서는 왜 성공하지 못했을까요?

탱크맨이 그 후에 어떻게 되었을까요?

탱크 앞에 검은 바지와 흰 셔츠를 입은 사람은 중국 사람인 왕웨이린이었고 이 행동 하나로 6.4항쟁을 상징하는 대표적인 인물로 알려져 국제 사회의 도움으로 대만에 도피했다는 이야기도 있었고 진압 직후 체포돼 복역 중이거나 처형당했다는 설도 제기됐습니다. 그러다 1990년 미국 ABC방송의 장쩌민과의 인터뷰에 이 탱크맨의 사진을 제시하며 왕웨이린의 근황을 언급하자 장쩌민의 대답은 그는 탱크에 깔려죽지 않았다고만 했습니다. 미국의 시사주간지 〈타임〉은 그를 20세기의 인물 20명 가운데 한 사람으로 등재했다고 합니다.

자전거를 타고 다니다 보면 이런 수난을 겪을 때도 있었습니다. 소림사에서 오성기 게양식이 끝나고 돌아 나올 지음에 이곳을 사열하게 되었습니다. 자전거 타고 남의 나라의 땅을 밟았다고 값을 치러야 했습니다. 삼엄한 경호 속에 우리 일행이 예쁜 소녀들로만 구성된 기수 앞을 사열하게 된 것은 또 다른 의미를 주는 듯하였습니다. 가운데 한국 기수 앞을 지날 때 두일 님의 오해받을 손짓에 깜짝 놀랐습니다. 한국 팻말을 든 기수 앞에서 만소 님과 두일 님이 남달리 관심이 있었는가 봅니다.

제 2 장

자금성(紫禁城)

　지금 자금성은 중국의 정치와 문화의 중심지로 각광 받고 고궁 박물
관이 되어 1987년 세계문화유산으로 지정받아 관광의 중심지로 자리
를 잡고 있습니다. 2012년부터 매년 1,500만 명이 넘는 관광객들이 이
곳을 다녀갔습니다. 올해로 600년을 맞은 자금성은 실상 중국의 국력
을 상징합니다. 자금성이란 글자 그대로 자주색을 금한다는 뜻을 풀이
하여 보면 자금성(紫禁城)의 자는 자줏빛에 금은 금하다의 뜻으로 자
주색을 띤 성이라고 풀이할 수가 있는데 예로부터 중국 사람들은 하늘
의 임금인 천제의 거처가 우주의 중심인 자미원에 있고 그곳을 기점으
로 우주가 움직인다고 믿었기 때문에 자미원에서 상징하는 '자'에 황제
의 허락 없이는 아무도 들어올 수 없는 공간이라는 뜻에서 '금'을 사용
하여 자금성(紫禁城)이라 하였습니다. 외국에서는 자금성이 너무 크다
고 생각했는지 City라는 표현을 써서 금지된 도시라는 뜻으로 해석하여
Forbidden City라고 부른다고 합니다.

　자금성에 있는 방의 숫자가 9천 개나 넘어 하룻밤씩 잔다하여도 24년 동안이나 옮겨 자야되는 엄청난 규모라 합니다. 저 같으면 걸어다니면서 방 숫자만 셈한다면 한 달은 걸릴 것 같습니다. 자금성을 설계하고 건축한 사람은 명 나라 사람인 괴상이라는 자로, 한국어로 번역하면 이름이 '괴상'하여 그의 아버지 괴부와 함께 이 역사를 완공하게 되어 그 공로로 노반이라는 칭호를 받았다고 합니다. 자금성의 마지막 주인이었던 청나라 황제 푸이는 자금성에서 다섯 살까지 살다가 공화정이 수립된 후 군벌들에게 쫓겨났고, 이듬해 자금성은 고궁 박물관이 되었습니다.

　정식 명칭은 '고궁박물원(구궁보우위안:故宮博物院)'이지만 '자금성'이라는 옛 이름으로 더 유명합니다. '천제가 사는 자궁(紫宮)과 같은 금지(禁地) 구역'이란 의미로 '자금성(쯔진청:紫禁城)'이란 이름을 얻었습니다. 세계에서 가장 큰 고대 건축물로, 전체 면적이 72만㎡에 이릅니다. 약 20만 명의 노동력이 동원되었고 15년이라는 긴 세월에 걸쳐

1420년에 완성됐습니다. 청조의 마지막 황제 푸이까지 명·청대의 황제 24명이 이곳을 거쳐 갔습니다. 황제가 의식이나 축전 등 대외적인 정무를 책임지고 관리하던 장소인 외조와 황제의 개인적인 공간을 엿볼 수 있는 내정으로 나누어 있었습니다.

자금성에는 3가지가 없다고 합니다. 지금성을 돌아다니다 보면 다른 궁과는 달리 나무가 없다고 합니다. 이는 자객이 숨을 수 있는 공간을 없애기 위함입니다. 두 번째는 자금성에는 화장실이 없어 아침마다 궁녀들이 많은 오물을 자금성 밖으로 내보내는 일을 담당했다고 합니다. 또한 자금성에는 굴뚝이 없는데 품질이 좋은 연료를 사용하기 때문에 연기가 나지 않는다고 합니다. 기름보다는 나무 숯을 써서 화기로 오는 피해를 원천 봉쇄한다는 뜻이 있었겠지요.

자금성은 중국 명 왕조의 제3대 황제 영락제가 황제가 된 지 4년째 되던 1406년 수도 난징을 베이징으로 옮기기로 결정하면서 건축되었습니다. 명나라의 정난의 변을 겪고 난 뒤 건문제는 수도 난징에 있던 황궁에 불을 지르고 달아났는데, 황제에 오른 영락제는 불타버린 황궁을 복원하는 대신 베이징으로 수도를 옮기기로 하여 자금성을 건축하게 되었습니다.

자금성을 건축할 때 네 가지의 원칙을 세웠다고 합니다. 첫 번째 원칙은 전조후침(前朝後寢)으로 일하는 장소와 잠자는 장소를 독립공간으로 한다는 것입니다. 다른 세 가지는 황제의 신체와 보안에 관한 것으로 알고 있습니다. 특별한 것은 좌조우사(左朝右社)라 하여 종묘는 좌쪽으로 독립 배치했다는 것입니다. 유교의 조상 숭배를 위한 장소이며 사지단은 농경사회를 기반으로 했던 시절에 풍요를 기원하는 제단의 장소로 안치하였다고 합니다.

 자금성은 건물의 배치도를 보면 중축대칭(中軸對稱) 형태입니다. 중요 건축물을 남북으로 일직선을 긋고 나머지를 그 중축 선상에 차례대로 배치하면서 동서로 대칭을 맞추어야 한다는 것입니다. 주요 건축물들은 모두 중축 선상에 배치하고 부속건물들은 양측에 배치한 이러한 형태는 왕권의 지고무상함과 유아독존의 의미를 표현합니다. 크기 만큼이나 정교한 설계와 배열로 직무를 주로 하는 태화전과 황후와 시간을 보냈던 내정 그리고 자연과 이상적인 어울림을 재현한 이화원 등 볼거리가 많지만 이른 아침이나 오후 늦게 둘러보는 게 좋다고 합니다. 그 시간대에는 자금성과 붉은 햇살이 만나 자주색과 노란색으로 이루어진 자금성의 진정한 분위기를 느낄 수 있다고 합니다. 2시간 동안이나 자전거로 자금성 외곽을 둘러본 것이라 자금성 안에 소장된 값진 자료는 보고 느낄 수 있는 안목이 없을 바에 외곽에서 둘러본 것으로 만족하고 입장비를 무료로 들어왔으니 동에서 서로 이어지는 건물의 배치도만 보기로 했습니다.

 건축 당시 무려 700여 개의 건축물과 엄청난 방이 있었으며, 105만 점의 희귀하고 진귀한 문물이 소장되어 있습니다. 1987년 유네스코가 지정한 세계문화유산으로 등록되었습니다. 전문가들이라도 건물의 배치도를 가지고 찾아보기 어려운 건물이 나열되어 있어 이름만으로도 여기 기록하려고 합니다.

자금성의 정문을 천안문으로 잘못 알고 있는 경우가 많은데 자금성의 정문은 오문입니다. 황제가 조서를 내리거나 출정을 명령했던 곳으로 오문의 중앙은 평상시 황제만 출입할 수가 있었습니다.

자금성의 정문인 오문(午门,우먼)을 지나면 태화전, 중화전, 보화전이 있는 외조가 있습니다. 건청문을 지나 내정으로 들어가면 건청궁, 교태전, 양심전, 동륙궁, 창음각, 어화원, 신무문, 종표관을 볼 수 있습니다. 자전거를 타고 그냥 지나도 한참은 걸릴 것 같아 이름만 기록하여도 보물 숫자 만큼이나 많아 관광을 어디부터 하여야 하는지 감당이 안됩니다. 중국에 현존하는 3대 구룡벽 중 하나를 자금성에서 볼 수 있다고 하여 자전거로 둘러보려고 하였으나 입장 불가였습니다.

제3장

이화원(頤和園)

이날의 여행 일정이 빡빡 하였습니다. 여행 스케줄 조정에 각자의 의견이 있었으나 우리의 여행의 목적이 『열하일기』의 여정을 따라가는 여행이라 피서산장의 열하가 핵심이므로 이화원은 자전거로 따라 돌아가면서 관망할 수 있는 것으로 하여 이화원의 대부분을 이루는 곤명호(쿤밍호:昆明湖)와 만수산(완서우산:万寿山)을 보는 것으로 만족하는 것으로 의견을 정리하였습니다.

몇 년 전에 보았던 베니스의 물의 도시와 같은 중국 장수성의 운하도시와 함께 서주의 상가를 모방한 소주가(쑤저우제:苏州街) 등은 제가 수박 겉핥기로 둘러본 곳이라 시도할 의향은 있습니다. 자전거로 입장하여 둘러볼 수 있다면 많은 시간이 소요되지 않겠지만 자전거 입장은 불가할 것 같고, 그 분야는 사전 지식을 가지고 관람하여야 시간을 유용하게 보낼 수 있을 것 같았습니다.

이화원 정문인 동궁문(东宫门)

팔
순
바
이
크

　　장랑(창랑:長廊)은 건물의 길이가 728m에 달하고 서태후가 이곳에서
산책도 하여 비나 눈이 올 때에도 관람이 가능하도록 한, 중국에서 가
장 긴 길이를 자랑하는 회랑입니다. 여기에는 『삼국지』를 묘사한 명소
의 그림과 『홍루몽』 소설의 배경과 서역으로 간 손오공의 그림을 장식하
였다고 합니다. 전문적인 가이드의 설명과 사전 지식이 없는 우리에게
는 아까운 시간이라고 생각하여 포기하였습니다. 이해하기 어려운 것
을 무시하고 우리 수준에 이해할 수 있는 것들로만 찾아보고 얻기 위해
서는 한정된 시간에 어쩔 수 없는 선택이었습니다.

　　모든 것을 만족하게 하나라도 더 보여 주고자 노력한 사람, 일행 중에
가장 섭섭하게 생각하는 사람은 이곳에서 우리들과 며칠 동안 자전거
로 동행하면서 안내를 한 덕암의 친구인 중국인 자전거 동호인이었습

니다. 그 대신, 걸어서만 할 수 있다는 천안문 광장과 자미원을 자전거로 둘러볼 수 있었듯이 사람의 힘으로만 땅을 파서 만든 바다 같은 곤명호 주변과 그 파낸 흙으로 만든 산의 만수산(萬壽山)을 둘러볼 수 있었습니다. 이렇게 자전거로 할 수 있는 것을 최대로 활용하여 관광할 수 있다는 장점을 살려 다행으로 자전거는 오전 내내 세우지는 않았습니다.

이때에도 운집한 관광객들로 교통이 차단될 정도로 복잡하였습니다. 차량은 관용차 이외는 운행할 수 없었고 많은 인파로 자전거 타기에도 관광 나온 사람들에게 미안할 정도였습니다.

천안문 광장과 자금성 둘레를 자전거로 타고 다니면서 경험했던 터라 여기에서도 엄숙하고 질서정연하게 갓길로 다니면서 대중들에게 오히려 박수를 받으면서 둘러볼 수 있었습니다. 그 중심에는 덕암 님의 친구 중국인 라이더의 도움이 컸습니다. 덕암 님도 중국에 관광하고 다닌 것이 그냥 관광만 하고 다닌 것이 아니었습니다. 오늘 우리들이 그 덕을 톡톡히 보게 되었음은 여행을 다녀도 뭐 하나 배울 것 하나 가지고 다녀야 된다는 것을 깨우쳐 준 것 같습니다.

그 대신에 저는 자전거 안장 위에서도 연암의 『열하일기』 속에 이 말을 한 것을 언제나 페달 위에 얹어 놓고 나녔습니다.

彼豈非平等眼耶
"저 맹인의 눈이야말로 진정한 평등한 눈이 아니겠느냐"

제4장

곤명호(쿤밍호:昆明湖)

1764년 청(靑)의 건륭제가 대대적인 공사를 통해 대규모 별궁을 완공하고 이화원이 차지하고 있는 총면적의 3/4에 해당하는 인공호수를 만들었다는 것은 전제 군주 시대나 공산주의 체제가 아니면 불가능한 것으로 보였습니다. 그때는 포크레인도 없었고 운송장비란 인력밖에 없었는데, 사람의 힘으로 흙을 퍼서 날라 산을 만들고 파인 자리에 물을 넣어 호수를 만들어 배를 띄워 유람을 하였다니. 요즘 생각하면 천인공노할 일이라 생각되지만 그 시절은 이런 것이 가능하였고 오히려 이런 행위를 하지 않고 권위를 세우지 않는 황제가 있었다면 왕통이 이어질 수 없었던 사회적인 구조였으리라 봅니다.

자금성이나 이화원의 대부분은 곤명호(쿤밍호:昆明湖)가 차지하고 그 부산물로 높이 60m나 되는 인공산 만수산(완서우산:万寿山)도 이때 조성된 것입니다. 이 인공호수에서 나온 흙을 쌓아 올린 것이 완서우산

만수산

(만수산)입니다. 그 높이가 60m나 되고 그 산에 불향각이라는 사찰을 지어 그 건물의 높이가 41m와 합치면 100m가 되어 불향각에서 이화원을 보는 것이 장관이겠지만 자전거 길이 있다 하여도 그것 하나 보기 위해서 시간을 허용할 수 없다고 해서 뒤돌아 섰습니다.

만수산(萬壽山)

백성들을 그렇게 시달리게 하였다면 산 이름이라도 겸허했으면 했습니다. 자기의 놀이터를 만든다고 백성들의 피와 땀으로 땅을 파서 만든 산이라면, 백성들을 위한다는 마음을 조금은 가지고 이 산을 위해 고난을 겪었던 백성들의 노역에 시달리다 죽은 원혼을 위로한다는 마음을 조금이라도 가져서 산 이름이라도 백성을 위한다는 뜻을 조금은 내포

청연방

한 이름으로 불려야 좋았지 않을까 생각해봤습니다.

인명은 재천인데 조금이라도 더 오래 살고 싶은 마음에 만수(萬壽)라
는 이름을 짓고 발버둥 쳤던 그 시대의 위정자들의 마음은 요즘 어느 누
가 임기 만료가 되어가는 어느 사람의 꼴상을 보는 듯했습니다.

인간의 욕망은 한도 끝도 없는가 보다. 곤명호 입구에 보면 돌로만 만
든 배 모양의 건물 청연방(칭옌팡:淸宴舫)은 실제로 물 위에 떠 있는 것
처럼 보이는데 영원히 가라앉지 않는 청 왕조를 비유해 만든 것이라 합
니다. 서태후는 감히 백성이 왕조를 움직일 수 없다는 뜻을 보여주기
위하여 이 석주(石舟)를 저런 대리석으로 쿤밍호에 만들었다고 합니다.

대한민국 2016년의 키워드인 군주민수(君舟民水) 기억하시겠지요,

'임금은 배고 민심이 물이다'라는 뜻으로,
"강물의 힘으로 배를 뜨게도 하지만
강물이 화가 나면 배를 뒤집을 수도 있다."
라는 내용의 순자의 말입니다.

팔
순
바
이
크

제5장

서태후(西太候)

이화원을 이야기하면 서태후 이야기를 상기하지 않을 수 없습니다.
황제 위의 권력, 권력 앞에 모성애마저 버린 비정한 어머니, 권력의 야
망으로 뭉친 여자, 자신의 여름 별장 이화원을 짓느라 국방자금을 빼돌
려 국가의 재정을 몽땅 탕진한 여자, 어린 시절 한을 달래기 위해 사치
와 향락에 빠졌던 여인, 청나라를 멸망으로 끌고 간 청나라 말 최고 통
치자. 1908년 11월 15일, 아이러니하게도 그녀의 마지막 유언은 '다시는
여자가 정치를 하지 못하게 하라'는 말이었습니다.

19세기 말, 서태후는 황제는 아니었지만 황제를 허수아비로 만들고
나라의 모든 권력을 장악하였습니다. 19세기에 남성 중심의 유교 국가
중국에서 여성이 47년간 통치자였다는 사실은 서태후가 좋은 의미에서
든 나쁜 의미에서든 매우 탁월한 인물이었음을 말해주는 것입니다. 그
래도 그 시대의 삼대 악녀중에 그 중심에 섰다고, 해놓은 것이 있어 후

대들에게 이런 볼거리를 만들어 관광객들을 불러들여 국익에도 보탬이라도 되고 있습니다.

오늘도 라이딩 도중 이산가족이 생길 뻔했습니다. 지난날에 호산산성과 천안문 광장에 자전거 라이딩에 꼬리가 긴 것이 보기는 좋았으나 일정한 간격으로 유지하고 번잡한 곳에서는 간격을 좁혀 끼어들기를 방지하여야 하는데 오늘 한눈판 사이에 대열이 끊어져서 선두가 가시거리를 벗어나 헤어지게 되는 순간이 있었습니다. 앗차 하는 순간이었습니다. 자전거는 기동성 있는 것까지는 좋은데 시야를 벗어나 1~2분이면 찾을 수 없이 먼 거리에 떨어지게 됩니다. 로밍한 상태라지만 국내 같은 통신환경이라고 믿어서는 안됩니다. 전화도 되지 않는 나라에서 다행히 움직이지 않고 그 자리에서 기다려줘서 쉽게 만나 다행이었습니다.

가장 범하기 쉬운 사고는 일행을 잃어버리고 서로 찾아다니는 경우입니다. 한두 번씩 겪게 됩니다. 라이딩하기 전에 서로 약속을 하고 다니면 사후 처리 수습이 원만히 해결될 수 있지만 해외일 경우 전화도 통하지 않는 곳이라면 서로 찾아다니다 보면 그날의 라이딩은 망쳐버립니다. 경우에 따라 각각 귀국하는 경우도 생길 수도 있었습니다.

선두를 잃어버릴 경우 그 자리에서 앞선 사람이 찾아오기를 기다려야 합니다. 자리를 이탈하면 서로 찾아다니는 경우가 생긴다는 것을 유의하여야 합니다. 단체복의 효능으로 식별하기 쉬워 효과를 보는 경우가 있었습니다. 팀의 입체감도 가지면서 결속력을 과시하게 되고 여행 후

기념품으로도 보전할 수 있는 장점도 가질 수 있습니다. 적당한 로고를 넣어서 제작한다 하여도 특별히 큰 요금이 들지 않아 요즘 프린트 기술로 멋진 유니폼을 장만할 수 있었습니다. 몇년 전 동유럽 여행 시 단체복을 크로아티아 축구대표팀의 유니폼인 바둑무늬의 천으로 단체복을 만들어서 입고 여행한 적이 있었습니다.

체코의 코펠교 건너 천문 시계탑에서 일행을 잃어버렸습니다. 많은 군중 속이고 쌍두마차가 많이 다니는 곳이라 시야를 확보할 수 없어 당황하던 중 행인에게 유니폼을 가르키면서 일행을 보지 못하였느냐고 묻는 시늉을 하였더니 손가락으로 방향을 알려줘서 찾은 경험이 있습니다. 이렇게 덕을 본 적도 있었지만 또한 이 유니폼으로 수난도 당한 일도 있었습니다.

크로아티아에서는 대대적인 환영을 받았지만 이 나라와 앙숙 관계인 보스니아에서는 테러를 당했습니다. 지나가는데 돌팔매질을 당하여 황당하던 중 원인이 유니폼 관계인 걸로 알고 웃지 못할 일을 겪은 적이 있었습니다. 우리나라에서 일장기를 새긴 옷을 입고 다니는 것보다 더 심하게 수난을 당했습니다.

자전거를 타는 경우 단체복을 선택하면 실보다 덕이 많은 것 같아 추천합니다. 여행을 다녀온 후라도 운동복으로 맞춤 된 옷이라 요즘도 여행할 때 입었던 옷을 입을 때면 그때의 생각이 떠올라 항상 추억의 밑그림이 됩니다. 운동복이란 그 기능을 가진 것 그 이상도 이하도 아닌 것이지만 그 옷에 담겨있는 이야기가 있어 새롭게 입게 됩니다. 맞춤옷이 아닌 경우라도 같은 모양으로 된 기성복으로 단체로 구입하여 간단한 로고와 인쇄는 무료로 제공 받을 수 있어 적극 권장합니다.

요즘 흔하게 쓰이는 말대로 커플티라는 것이 있는 것같이 별달리 디자인하는 것도 아니고 사이즈도 대중소로 나눠 조금 크고 작음에 문제가 되지 않을 뿐만 아니라 색상이 이렇고 저렇고 다툴 것 없이 통일만 되면 입체감이 있이 단체복이 되어 제 옷값을 하게 됩니다.

여러 차례에 걸쳐 이런 방법으로 유니폼을 선택하여 입어 왔는데 만족하게 입었다는 뜻이 다녀와서도 그 옷을 자주 입는 것을 봤을 때 흠이 없었다는 뜻이 되어 다행이었습니다.

팔
순
바
이
크

단체 여행시 주의사항

단체 여행으로 6명에서 많게는 7명 이상을 초과할 때는 아래 사항을 참조하여야 합니다.

첫째, 대원들 간 간격을 5m로 잡았을 때 행렬의 길이가 35m~40m 정도 된다면, 앞선 사람과 뒷사람의 의사소통도 가능하고 서로 눈으로도 확인할 수 있다는 생각이 들지만 커브길이나 시야를 가리는 물체를 지날 때마다 꼭 확인해야 됩니다.

둘째, 예기치 않은 일기변화에 따른 루트 변경 시 밴이나 RV차량을 통해 대피할 수 있는 탑승 인원이 대체로 7명까지 가능합니다. 해외와 국내 모두 해당되는 내용입니다.

셋째, 기록물 제작에 7명은 좀 많습니다. 카메라 파인더에 다 넣어 피사체를 식별할 수 있는 수치라고 생각드나 다큐 제작에는 산만해지는 결점을 가지는 인원 숫자입니다.

넷째, 함께 식사할 경우 테이블을 2개가 눈을 마주하고 식사를 즐기기에 적당합니다. 2개 이상이 되면 대화의 톤이 높아져 피해야 하는 줄 압니다. 업주는 좋을지 모르지만 많은 인원이 일시에 서비스를 받고자 한다면 본의 아니게 불쾌감을 줄 수 있습니다.

다섯째, 잠자리 룸은 4개가 최대치입니다. 그 이상이면 업주도 편치 않아 서비스를 제대로 받기 힘듭니다.

여섯째, 비박할 경우 텐트를 우물 정자로 편성하여 재난에 대비하고 안전을 기할 수 있는 진법으로 설치하면 좋습니다. 우발적인 재난에 대비할 수 있고 의사 소통에도 평면이 좋습니다.

일곱째, 공동으로 관리하는 가상의 세계를 공유함이 바람직하여 인터넷 혹은 밴드를 정하여 대화의 방을 수시로 방문하여 교류하는 방법도 만약의 경우를 대비할 수 있습니다.

제5부

연암에게 묻습니다

여행(旅行)과 여행(餘幸)

저는 실행 가능한 것이라면 이는 시행(施行)하는 것이지
도전하는 것이 아니라고 생각해서
저는 도전과 실행의 의미를 달리합니다.

제가 하는 여행은 도전의 연속입니다.
여행 자체를 도전의 과정이라 생각하여보면
어떠한 시련도 맞닥뜨려
정면으로 부딪쳐 보는 도전을 즐기다 보면
자연적으로 여행(旅行)을 즐기게 됩니다.

그 여행으로
이제 얼마 남아 있지 않은 여행(餘幸)을
도전을 해서 찾아보는 것에
여행(旅行)과 여행(餘幸)의 의미를 함께 한자리에 둡니다.

2006년 봄

제1장

이런 음식도 먹어 봤을까요?

중국 사람은 날아가는 것 중에는 비행기와 기어가는 길짐승으로는 자동차만 안 먹지 눈에 보이는 것은 다 먹을 수 있다고 하면서, 그들의 식성에서는 못 먹을 것이 없다고 합니다. 어떤 것이라도 먹을 수 있는 다양한 요리 솜씨로 음식을 변화시킬 수 있다는 뜻입니다.

국토가 넓은 땅 덩어리에 기후와 풍토가 한 계절에 온(溫)대와 한(寒)대가 공존하고 있어 사계절에 생산되는 농작물도 다양하여 그에 맞는 요리가 발달되었고 56개의 씨족이 가지고 있는 식성도 다양하고 각 지방마다 독특하게 생산되는 식재료가 다양하여 그 식품에 맞게 요리 솜씨도 다양하게 발달되어 음식 문화의 백과사전과 같은 곳이었습니다.

연암은 이런 음식도 먹어 봤을까요?

달걀에서 병아리로 깨어나기 전의 음식도 있었고 가장 강한 독성을

만리장성을 넘다

가진 독사와 전갈도 있었습니다. 음식의 재료가 없어 이런 괴상한 몬도가네(Mondo cane)식을 만들어 먹는 것이 아니고 특별한 계층에 따라 기호식품으로 선택된 것으로 이런 기회가 아니면 먹어볼 수 없다고 시식할 기회를 가졌습니다.

선갈은 독성을 가졌다는 양 날개와 침은 날카롭고 딱딱하게 보였지만 의외로 메뚜기 맛이었습니다. 어떻게 요리를 했는지 버릴 것 없이 다 먹을 수 있었고 독사는 다시 먹을 기회가 있다면 배불리 먹을 수 있게 찾아 먹을 것 같았습니다. 음식이란 각 지방마다 각 나라마다 고유한 음식문화가 있다고 인정한다면 금기시 할 것이 아니라고 봅니다. 우리와 인체 구조가 다 같은 사람이기 때문입니다.

용진 님이 건네주는 전갈을 받아들고 입안에 넣기 망설였습니다. 용진 님은 교육자 출신답게 보란 듯이 먼저 본보기를 보이며 용감하게 입안으로 전갈을 넣습니다. 거침없이 먹는 모습에 망설임이 없이 따라 하게 됩니다. 응원하는 힘이 발휘된 것 같이 너도 나도 입안으로 넣습니다. 식성이 깔끔한 대원은 기왕이면 전갈을 먹었다고 소문날 바에는 살이 찌고 통통한 놈으로 먹겠다며 골라 먹고 있었습니다.

전갈은 가장 강한 독성을 가졌다는데 그 독성이 전부 맛으로 변했는지 한 마리를 더 먹게 됩니다. 가장 강한 독성을 가진 전갈을 먹었으니 가장 징그럽다는 뱀으로 메뉴를 옮겼습니다. 뱀은 저와는 초면이 아니고 구면으로 친숙하게 지내는 처지입니다. 옛날 히말라야 여행 시 몇 번이나 먹어본 경험이 있었습니다. 그때는 기호식품으로 먹은 것이 아니고 영양가 있는 음식 물로 대하였고 여기처럼 먹기 좋게 요리한 상태가 아니고 그때는 원재료 그대로 자기 입맛에 맞춰 직접 요리까지 해서 먹었습니다. 그때는 양념도 없이 불에 구워서 먹은 것이라 생 것으로 먹는 것과 다름이 없었습니다. 이곳에서는 제대로 된 양념까지 했으니 더 맛있는 요리로 구미에 당기게 만들어져 한 마리를 더 먹으려 하여도 가격이 비싼 것이 흠이었습니다.

나중에 뒷말이 생길 것 같아 어느 한 사람 빠지지 않았고 단체로 한 것이라 흉잡을 수 없게 공동으로 하였으니 다 공범자들로 누구가 누구에게라는 말을 할 수 없도록 입에 지퍼를 채웠습니다.

자전거 여행을 장기간 할 수 있는 요건은 건강한 체력과 아무 곳이나 궁뎅이만 붙이면 잠잘 수 있는 자연 친화적인 신체 요건이라 하겠지만 그중에 가장 중요한 것은 에너지원이 될 수 있다는 것은 아무 것이나 목구에서 위 속으로 옮길 수 있는 식성이라 하겠습니다. 저는 거친 환경에서 살아왔지만 그 시대는 남아 선호 시대라 위로 두 분의 누님 후에 기다리던 아들로 태어나 귀하게 대접받고 자라왔습니다. 천성이 자연 친화형이라 어디든지 잘 적응되어 저에게는 자전거 생활이 딱 맞춤 생활 형태였습니다.

오늘 우리 멤버들의 식성을 다 같이 검증하는 자리를 겪게 되어 음식에 대해서는 아무 불평을 하지 않을 것으로 보여져 먹고 잠자는 것은 잊어도 될 것 같았습니다.

전갈 요리

병아리로 태어나기 전의 달걀을 튀긴 것(좌), 청동오리와 까마귀(우)

부화하기 전에 삭힌 달걀을 기름에 튀긴 것이라고 해서 닭 한 마리 먹는다고 생각하고 한입에 넣었다가 뱉어 내지도 못하고 우물우물 하다가 목구멍으로 통과 시켰습니다.

삭혀서 먹어야 제맛이 난다는 우리나라의 홍어 꼬리에 비하면 양반이었습니다. 까마귀 고기는 청동오리를 먹고 난 뒤 먹어서 그런지 그 맛이 그 맛이었습니다. 우리나라에서는 까마귀가 길조라고 무속적인 성격을 가지고 있고, '까마귀 고기 먹었나?'라는 속담도 있어 오늘 이 고기를 먹고 지나온 어려웠던 일을 전부 잊고 새롭게 출발하자고 다짐하는 뜻에서 건배 대신에 제각각 까마귀 다리 하나씩 들고 건배 대신 흔들었습니다.

돼지 비계찜 요리(좌), 버드나무 채반에 올린 순두부(우)

5대째 내려오는 가업으로 이름난 순두부 집이 있다 하여 물어 물어 발걸음을 하였습니다. 음식점 간판을 보니 300년은 넘은 것 같아 연암 선생도 다녀갔으리라 봅니다. 버드나무로 만든 채반에 순두부가 올려져 나왔습니다. 3인용으로 나온 것이 5명이 충분히 먹을 수 있는 양이었습니다. 맛과 빛깔은 한국의 순두부와 같았습니다. 우리나라 순두부는 죽그릇같이 물기가 많은데 이곳 순두부는 각진 두부모가 아니었으나 물기가 없었고 맛도 담백하였습니다.

주인은 주문도 하지 않았던 돼지 비계찜을 내어 놓았습니다. 우리는 주문도 하지 않았던 비계찜이라 순두부와 곁들여 나오는 것은 아닌 것으로 보여 주인에게 무엇이냐고 물었더니 황당하게도 순두부를 먹을 때는 돼지 비계찜과 꼭 함께 곁들여야 된다고 했습니다. 강매당하는 것 같아서 기분이 찜찜하였으나 5대 째로 내려왔다는 말을 증명하듯 맛이 장난이 아니었습니다. 충분히 이름값을 한 것 같아 한 접시를 더 주문 하게 되었습니다.

옥수수 전과 양고기 찜

솥 하나에 옥수수 전과 양고기 찜을 한솥에 요리를 하였습니다. 화로전에 옥수수 전을 붙여 양고기와 같이 먹는 화로찜은 중국의 북방 지방에 흔하게 먹 는 요리이므로 연암 선생은 이 음식을 먹어 봤으리라 생각합니다. 주로 몽골사람이 즐겨 먹는다고 해서 이름도 몽골 이름입니다. 주재료는 옥 수수로 한 반죽과 양고기를 주로 쓴다고 했지만 닭고기, 소고기도 기호 에 맞게 사용한다고 합니다.

옥수수 전과 양고기 찜

우리들은 전통식으로 요리한 양고기를 선택하였습니다. 전통을 다 지 킨다면 이 음식은 몽골식 게르 안에서 먹어야 제대로 된 운치 있는 맛을 느낄 수 있겠지만 요리하는 사람이 몽골인이라 이쯤에서 만족했습니 다.

우리나라의 부엌 같이 밑에서 나무로 불을 때고 솥 안쪽 솥전에 옥수 수로 만든 반죽을 둥근 전에 빵 굽듯이 붙여서 중간에 전골냄비에 고기 끓은 증기에 익혀 고기와 곁들여서 솥전에 붙여 익힌 빵과 함께 먹는 음 식이 별미였습니다. 이 요리의 장점이라면 몽골 지방이 추운 곳이라 화 로를 가운데다 놓고 온 가족이 둘러앉아 빙 둘러 앉아 식사할 수 있다는 장점이 있는 것 같습니다. 우리는 나무로 불을 땠지만 몽골이었다면 말 똥으로 불을 땠겠지요.

우리 일행이 불편하지 않게 앉아도 자리는 넉넉하였습니다. 가운데 솥을 둔 채 음식을 올리는 탁자는 중국식으로 돌려 가면서 음식은 자기 취향대로 먹을 수 있는 만큼 먹게 됨으로 위생과 편리함을 겸비하였습 니다. 또한 장점은 식사 시간에 한 공간에서 할 수 있어서 좋아 보였습 니다. 식사하는 사람과 조리하는 사람과 한 평면 안에 있게 되어 식사 도 하면서 서로 간의 의사를 소통하는 자연스런 시간을 가지게 되었습 니다.

우리나라의 식사 형태는 조리하는 사람과 식사하는 사람과 항상 분리 된 위치에 있게 되어 조리하는 사람들(주로 여자)과 함께 식사할 수 없 게 구조가 되어 있습니다. 음식 만드는 사람은 항상 식사가 후순위로 밀려 한 공간에서 함께할 수 없게 되는데, 이런 구조가 의식구조까지 변화 시킨다는 아주 나쁜 단점을 가지고 있습니다. 상하 관계와 노소 관계를 식탁에서도 엄격하게 규정 짓는 유교 사상의 식탁 문화라고 생각합니다.

이곳은 조리 기구를 가운데 놓고 함께 식사를 해 가면서 하는 이런 식사 형태는 서로 도움을 주면서 식사하게 되어 입체감도 있고 다 함께한다는 화합의 장으로 연결될 수 있다는 아주 특별히 좋은 점을 가지고 있다고 생각합니다.

그러나 좋은 것에는 항상 양면성이 있지요. 조리하는 시간이 길어지고 식사하는 시간도 길어진다는 것입니다. 빨리빨리 문화는 우리나라의 식사하는 밥상 문화와 무관하지 않다고 생각합니다. 분업화 되어 식사 준비를 하고 바로 뒤처리하는 부류가 있는가 하면 빨리 식사한 후 현장에 임하는 부류가 있습니다. 그래서 분업화가 높은 생산성을 기할 수 있다는 장점도 있습니다. 생각해 보면 이런 생활 형태가 오늘날 우리나라의 발전된 사회의 밑바탕에 깔린 조직화 된 생활 형태가 아닐까 생각합니다.

타 민족의 사람들은 음식을 먹는 시간이 행복한 삶을 취하는 절대적인 숭고한 시간이라 생각하고 그 행복한 시간을 음미하는 것이 음식의 맛을 음미하는 것과 동일시하다고 여깁니다. 반면 우리나라 사람들은 식사 시간이 10분 이상이 소요되지 않았습니다. 식사란 일하기 위한 에너지 공급원이라고만 생각하고 있습니다. 이 모든 것이 어릴 때부터 이어진 밥상머리 교육에서 이어졌다고 봅니다. 밥 먹을 때 이야기하면 복 날아간다고 하면서 밥 먹는 시간을 독촉합니다. 이렇게 식사 시간을 단 축하게 되면 생산성을 향상시킬 수 있습니다. 그때에는 식사란 살기 위 해 먹는 것이었고, 또한 먹거리를 얻기 위해 일을 해야 했습니다. 행복 의 척도 이전에 생존의 척도였던 시절이었습니다.

여행에서도 무엇을 어떻게 먹었느냐에 따라 여행의 즐거움이 달라집 니다. 나라마다 음식의 재료가 다르듯이 요리 솜씨도 달라 음식에 특색 이 있어 그 나라의 고유한 음식을 찾아 먹는 즐거움은 여행을 더 풍요롭 게도 합니다.

그러나 자전거 타고 가는 도중의 식사란 목적지를 가기 위한 방법이 고 도구의 일종이라고 생각하는 것뿐입니다. 자동차에 넣은 기름의 연 비를 따지듯이 맛이 있고 없고 따지기 전에 어느 음식이 연비가 더 높 나를 먼저 검토하였습니다. 오직 식사란 음식물이 식도를 통하여 위 속까지 옮겨 놓는 과정이고 음식물이 좋고 나쁨의 척도는 어느 음식이 자전거 바퀴를 더 돌려줄 수 있느냐에 따릅니다. 자동차의 연비 따지듯이 음식물을 선택합니다.

연암 일행이 황제의 축하일에 맞춘다고 밤낮없이 걸음을 재촉한 것처럼 우리도 식사하는 장소도 불문에 부치고 음식의 종류도 불문에 붙여 따지지노 않고 묻지도 않으면서 제공된 음식을 먹어야 했습니다.

날씨와도 관계없습니다. 자전거 여행의 일정 관리에서 잠자는 시간과 자전거 주행 시간은 확정된 시간이므로 조정할 수 있는 시간이란 세 끼 식사하는 시간밖에 없습니다. 세 번의 식사하는 시간을 어떻게 유효 적절하게 쓰느냐에 여행의 효율이 달렸습니다. 다행히 아침 식사는 길거리에서 간단히 처리하는 것이 보편화 되어 그에 맞추었고, 점심시간도 그에 준하여 처리하면 되었습니다. 이렇게 아침, 점심밥 먹는 시간과 쉬는 시간을 이용하여 축적된 시간으로 원래 일정에 비해 하루가 앞당겨져, 기후변화 혹은 코스의 변경에 따른 일정 변동에 대처할 수 있는 여유가 생겨 마음이 편할 수 있었습니다.

대신 저녁 시간만은 쌓였던 피로를 풀고 내일의 주행을 위한 에너지를 축적하고 지역마다 고유의 특색 있는 음식을 찾아 먹는 시간을 가질 수 있어 다행이었습니다. 더 다행스런 것은 딸기코 님은 저녁마다 특색 있는 술을 한 잔씩 마시기 때문에 빈 잔만 가지고 가면 그 지방의 특색 있는 고량주를 맛보게 됩니다.

연암은 이런 술도 먹어 봤을까요?

중국은 음식도 다양한 것처럼 마시는 술의 종류도 많았습니다. 중국의 농산물 중에 특별하게 옥수수 밭이 많은 원인을 알 것도 같았습니다. 주식으로 옥수수를 먹기에는 너무 많은 양인 것 같았는데 그 많은 옥수수는 어디에 소비될까 궁금하였습니다. 전통주, 고량주 생산의 주원료로 쓰였습니다. 술을 좋아하는 연암은 순한 조선의 막걸리를 먹었을 텐데, 순도가 높은 고량주 맛을 어떻게 평가했을까 궁금하였습니다.

일행 중에 딸기코라는 닉네임을 가진 대원이 있습니다. 이름처럼 술을 좋아해서 딸기코가 되었는지 딸기코만큼이나 술을 좋아해서 딸기코가 되었는지 자리를 옮기는 곳마다 행선지마다 그 지방의 특색 있는 술을 마시다 보니 함께하는 우리들도 덕택에 분에 넘치게 입이 호강할 때가 많았습니다. 술을 별로 좋아하지 않는 나도 자연히 한 두잔 씩 축내게 되어 이제는 저녁마다 딸기코 님의 손을 쳐다 보게 되었습니다.

그쪽 음식이 기름기가 많아 술의 맛보다는 음식의 맛을 돋우기 위하여 반주가 필요하였습니다. 입안을 맑게 하기 위해서 알콜 순도가 높은 한 잔이 입안을 개운하게 하여 음식 맛과 술의 담백한 맛이 주당이 아닌 사람도 자연히 찾게 되어 술 좋아하시는 근엄한 교육자 출신인 용진 님이 맞장구를 쳐 이날도 한 잔하게 되었습니다.

딸기코 님은 숙소로 정해진 동네에 도착하면 수소문해서 이 지방의 전통주를 찾아 마십니다. 이것이 그분에게는 하나의 관광인 것 같습니다. 이 동네에서는 하필이면 "구문구"라는 이름을 가진 고량주였습니다. 우리 일행이 9명이라고 술 이름 구문구(九門口)에 삼행시로 흥을 돋우었습니다.

만리장성을 넘다

구: **구**경나온 아홉 사람이
문: **문**을 열고 세상에 나셨네
구: **구**문구는 그 길의 피로를 녹여주네

구: **구**멍가게 열어놓고 살아도
문: **문**빠들에게
구: **구**걸하고 살고 싶지 않다네

딸기코 님은 술을 좋아하시는 만큼 절제도 철저하신 것 같았습니다.
술병 줄어드는 것이 섭섭하게 보일 때면, '딱이야 딱' 하면 영락없이 그
것으로 끝내십니다.

어느 동네라도 도착하면 어두워지기 전에 태극기 꽂고 다니는 딸기코의 자전거 뒷모습을 찾아보게 됩니다. 이 친구 어디 갔나 하고 찾다 보면 어김없이 빈손으로 돌아오지는 않았습니다. 딸기코 님과 용진 님의 말처럼 각 지방의 특색 있는 술을 찾아서 마시는 것도 관광의 한 부분이라 하시는데 그 관광에 동참하려 해도 꺼리셔서 얄팍한 주머니가 언제까지 지탱하려는지 기대 반 우려 반 입니다.

저는 지병 관계로 좋아하는 술도 곁눈질로만 좋아했습니다. 자전거 타는 도중에 마시는 시원한 막걸리 한잔과 맥주 한잔은 감로주란 말이 표현 그대로였습니다. 그때 마시는 술은 술이 아니라 변명 같지만 감로주였습니다. 바로 지금이라도 증명하려면 물기가 있는 젖은 옷을 입고 자전거를 10분만 타보면 금방 해답을 얻을수 있습니다. 스치는 바람과 내부 몸에서 올라오는 열기로 금방 말라 버리는 것처럼 맥주 한잔이나 막걸리 한잔 먹은 것은 자전거가 '너 언제 뭐 먹은 거냐'고 되묻습니다.

술을 금기시 해야 하는 나는 자전거를 탈 때만 술이 아니고 음료수로 먹는 것으로 간주한다는 단서를 붙이지만 그게 그렇게 되나요. 술이란 속성이 그것 또한 자전거 타면서 얻어지는 오묘한 진리입니다. 애주가도 아니면서 자전거 타다가 먹는 막걸리 한잔의 그 맛을 못 잊어 자전거를 타게 된다는 사람이 있는가 하면 또 어떤 분은 평소에 입에도 가까이 하지 못하지만 자전거를 탈 때 타오르는 열기를 잠재우기 위해서 먹는 그 한잔의 맛을 못 잊어 그 맛을 알게 되어 술을 먹게 되었다고 합니다. 그러나 자전거 탈 때 이외는 과연 그 맛을 느낄 수 있을까 하고 일부러 먹으려 해도 먹지 못한다고 합니다.

조선식 냉면

　조선족이 직접 경영하며 3대째 내려온 냉면집이 이름난 맛집이라 하
여 물어 물어서 찾아 갔던 길이 헛길은 아니었습니다. 고유한 한국식
냉면이 중국식으로 변하였는지 맛이 고유한 한국의 맛이 아니었습니
다. 한국에서 온 여행길에 왔다고 하였더니 친절하게 대해 주어 음식맛
에 대신 하는 것 같았다. 모든 음식이 그런 징크스가 있는가 봅니다. 유
명하고 맛있다는 음식이 그 지역을 벗어나면 본래의 맛을 잃게 되더군
요. 전주 비빔밥이 전주를 벗어날 수 없듯이 일종의 텃세겠지요. 똥개
도 자기 집 앞에서 싸우게 되면 8할은 접게(Advantage) 된다고 함은 그
만큼 향토색도 짙다는 뜻도 되겠지만 그만큼의 고유한 전통을 지켜나
간다는 좋은 의미도 가지고 있습니다. 오늘 음식 맛은 진돗개도 아니고
똥개도 아니었습니다. 시장한 것이 반찬이었습니다. 자전거 타다 먹은
음식은 맛이 있다 없다가 없지요. 어느 자전거 마니아가 음식을 먹으면

서 연신 맛있다고 환호를 할 때 그 입에 맛없는 것이 있나라고 핀잔을 받는 친구도 있지요.

베이징 덕(Beiging Duck)과 북경 오리

어느 누가 북경 다녀와서 하시는 말씀이 '북경오리'가 특별하게 맛이 있었다고 해서 '베이징 덕'과 맛의 차이가 있었냐고 물어보았더니 오리의 암수가 크기도 다를 뿐만 아니라 맛의 차이가 있다고 해서 맛으로는 암놈으로 먹고 싶었고 양으로는 수놈을 선택하고 싶었습니다.

암수를 구별해서 주문하고 싶었는데 주문서에 암놈, 수놈 구별할 수 없어 웨이터에게 북경오리 2마리하고 베이징 덕 2마리를 주문하였더니 웨이터가 고개를 갸웃거리면서 알아듣지 못해 주문지에

'북경오리(北京烤鴨) 2 베이징 덕(Beiging Duck) 2'라고 써주었더니

그래도 고개를 갸우뚱하면서 주방쪽으로 나갔습니다. 한참 후에야 주방장과 함께 나타났습니다. 바쁜 주방장을 대동하고 나타났으니 '아이쿠, 이것 장난이 너무 심했나' 했지만 이미 엎질러진 물, 결자해지라고 수습은 내 몫이 되었습니다. 마침 방 안에 걸린 달력에 남녀가 듀엣으로 노래하는 장면의 그림이 있었습니다. 남자 쪽을 가르키면서 북경오리 2마리, 여자를 가리키면서 베이징 덕 2마리라 하였더니 그제야 알아들은 것 같습니다. 호호하면서 연신 고개를 숙이며 못 알아들어서 미안하다고 하면서 고개를 숙이고 나갔습니다. 주문서는 암놈 2마리, 수놈 2마리라 임기응변으로 위기를 면했습니다.

궁금한 것은 주문지에 어떻게 알고 어떤 음식이 나올지 기대도 되었지만 걱정스러운 것은 베이징 오리집에 앞으로 메뉴판이 어떻게 변화될까 걱정스럽습니다. 수놈 오리는 북경오리가 되고 암놈 오리는 베이징 덕이 되면 우리들이야 창시자니까 알아보겠지만 다른 소비자들을 헷갈리게 하지 않았을까 걱정됩니다.

북경오리를 먹으려면 하나의 진기 명기 같은 기능이 필요했습니다. 베이징 오리에는 기본적으로 나오는 조미료 종류와 곁들어서 먹는 야채가 나오기에 대충 함께 먹는 방법을 알겠으나, 얇은 반죽으로 만든 둥근 만두피는 어떤 용도로 쓰일까 궁금하였는데 접시 위에 피를 올려놓고 오리고기를 싸서 먹는 용도로 쓰이는 것이었습니다. 그러나 기이하게도 만두피를 접시에 올려놓지 않고 입 위에 올려놓고 싸서 먹는다는 것이 특이했습니다. 먹는 모습이 특별해서 옆에서 보는 사람에게 식욕을 돋구워 주는 모양새에 화기로운 분위기까지 만들어 줄 것입니다.

제2장

이런 것도 경험해 봤을까요?

　중국의 가무는 기(氣)체조에서 유래되었는가 봅니다. 몇 년 전에 서유기의 그 길을 따라 여행하였을 때 중국 허남성에 있는 숭산 소림사에서 전통적인 기예로 발달된 기와 무를 체험할 기회가 있었습니다. 그때에는 특별한 지역에서만 행하는 것으로 알았습니다. 그러나 이 기체조는 소림사에서 권장하는 3개 계파(신앙, 기예, 교육)의 기본이 되는 것으로 중국 전역에 마을 단위로 보급되어 국민 의식에 밑바탕을 이루어 실생활에도 적용되어 마을마다 아침, 저녁에 적당한 장소에서 기체조를 하는 것을 볼 수 있었습니다.

　우리가 알기로는 일반적으로 소림사라면 기예를 수양하는 것이 전부인 것 같지만 이곳 현지에서 직접 보고 느낌으로는 기능보단 더 중하게 여기는 것은 소림사의 정신세계를 알리는 것에 더 큰 목적과 의의를 두는 것 같았습니다. 기예는 소림사의 정신세계를 알리는 하나의 수단에 불과하다는 것입니다.

  아침마다 마을 단위로 하는 기체조는 소림사에서 행하는 기예를 바탕에 두고 일반인도 쉽게 접근할 수 있도록 계량된 동작으로 보급되어 우리나라의 국민체조 같았습니다. 남녀노소 할 것 없이 한 장소에 모여서 음악에 맞춰 수련하는 깃은 건강증진의 주목적도 되겠지만 부수적으로 마을과 마을 간의 화합과 계층 간의 소통으로 기체조에 실려 있는 본래의 기능대로 자율과 협동하는 교육의 장이 되는 것을 입체감 있게 국민정서에 심어주고 있었습니다. 이러한 모임은 시간과 장소에 구애를 받지 않는 것 같았습니다. 음악이 있으면 있는 대로 없으면 없는 대로 구령에 맞춰 모범 보이는 사람을 따라 했습니다. 아주 서민적이고 자율적이었습니다. 어느 곳에서나 체조를 할 수 있는 공간이 있으면 할 수 있어 궁궐 내 마당에서도 검무를 하는 것을 볼수 있었고 천안문과 같은 광장에도 보행에 지장을 주지 않는 위치라면 가능한 것 같았습니다. 자금성과 같은 박물관 앞에서도 장소만 있다면 시도 때도 없이 행하고 있었습니다.

  몇 사람만이라도 음악이 울리면 지나가던 사람도 자격에 구애됨이 없이 응집되어 함께 즐기는 것을 볼 수 있었습니다. 하물며 선박의 간판 위에서도 자리만 있으면 가능하였습니다. 음악에 따라 몸놀림이 시시각각으로 달라 자주 보게 되니 식별할 수 있는 리듬이었습니다.

어둠이 내린 저녁 노을 동네 앞마당에서

단둥으로 가는 선박 간판 위에서도

봉(奉)으로 하는 체조도 있었고 검(刀)으로 하는 검무도 있었습니다. 기구가 준비되지 않는 사람은 행동만 하는 것으로 음악에 맞춰 즐기면 되었습니다. 우리의 호프 용진 님은 시도 때도 없이 하는 행사에 아무 거리낌 없이 참여하였습니다.

처음으로 하는 운동이지만 30년 동안 교육 현장에서 훈육한 몸이라 곧바로 자세가 나오네요. 스스럼없이 대하는 모습이 자기 동네 사람인 줄 알고 있었습니다. 여기에서도 대한 남아의 기개를 보여줘 연암 선생에게 빚지지는 않았습니다.

오늘은 시간 여유도 있고 해서 연암 선생이 짐자리로 묵었을 만한 곳을 찾아봤습니다. 박물관 같고 민속촌 같은 곳에서 숙박하였습니다. 연암 선생은 이런 곳에서 숙박하였으리라 봅니다. 그 시절의 숙박시설은 이런 곳이 아닐까 추정해 봤습니다. 청나라 시대에 운영하였던 숙박 장소(여관)를 수소문하여 힘들게 찾았습니다. 가격이 얼마나 될까 걱정하였으나 의외로 일반 호텔 값에 못 미쳤습니다. 이런 것을 소위 꿩 먹고 알 먹는다고 하는 것 같아 오늘 밤이 포근한 잠자리가 될 것 같았습니다. 뭐 하나만 빼놓고~~

철근이나 콘크리트같은 건축 자재로 건축하였으면 이런 오랜 세월을

지탱할 수 없었을 것으로 추정됩니다. 목조 건물로 가꾸어져 있어 앞으로도 몇 세기도 더 견딜 것 같이 보입니다. 집안에 비치한 가구도 옛 그대로를 사용하고자 한 흔적이 보입니다. 촛대는 전구로 바뀌었고 문 여닫는 장식은 옛 그대로 주물로 만든 것이라 묵직하게 무게감이 있었습니다. 건축의 형식과 방의 구조는 입구(口)로 배치되어 앞에 입구만 있고 뒤 출구는 없는 것이 중국인다웠습니다. 어떤 돌발사태가 났다면 어떻게 대응하려는지 의문스러웠고 화재에 취약한 목재인데도 이렇게 오랜 세월을 이어 나왔다는 것이 의문시되었습니다.

방문 앞마다 홍등이 설치되어 장예모 감독의 작품으로 공리가 주연한 영화 〈홍등(Raise the red lentern)〉과 똑같아 마치 세트장 같았습니다. 그 속에서 영화 속과 같이 홍등에 불을 밝히고 밤을 새웠지만 아무 일도 일어나지 않았습니다.

비치된 도자기로 된 세면기

실내 조명등

물 컵

아침에 자고 일어나서 응접실에 모여 이날의 계획을 이야기하는 미팅 시간에 이 숙박업소에서 주선한 것인지 문화 해설사와 같은 사람의 방문이 있었습니다. 저의 전공과목인 현란한 몸짓 말(Body language)로는 문화재를 설명하는 자리에는 소통할 수 없었고, 대신 덕암 님이 그동안 갈고 닦은 어학 실력을 발휘하여 답답한 것은 그런대로 면할 수 있었습니다.

제3장

중국의 몸부림을 보았습니다

팔순바이크

공해유발 지역 나대지에 가능한 물을 담아, 날리는 미세 먼지를 최소화하려는 의지를 보여주었습니다. 감사하게도 만리장성 망루에서 주위를 둘러볼 때 미세 먼지로 시야를 확보할 수 없을 것을 염려하여 유휴농지에는 물을 담아 먼지를 방지하려 하였고 물길이 못 미치는 곳은 풀 정도는 자랄 수 있는 여지를 둔 엷은 천으로 덮어 미세 먼지에서 오는 피해를 최소화하려는 성의를 보여주어 옛날의 중국답지 않다고 생각했습니다.

먼지가 나는 곳을 덮개로 덮는다는 것도 한계가 있는 것이지 그 넓은 대륙을 어찌하려고 감히 그런 발상을 하였는지 모르겠습니다. 대륙에 사는 사람답게 배포도 큰가 봅니다.

다행히 오늘은 바람도 없고 쾌청한 날씨에 미세 먼지로 피해를 보지 않게끔 최선을 다한 중국 당국이 보여준 정성으로 망루에 올라가지는 않아도 밑에서 망루를 바라볼 수 있는 기회가 되어 기분 좋은 하루가 되었습니다.

산림녹화 사업의 효과가 가시적으로 보이는 듯하였습니다

산림녹화 사업이란 장기적인 안목과 끊임없는 노력과 관리를 해야만 그 효과를 얻을 수 있는 미래 사업입니다. 이곳에 사방 사업으로 심겨진 수종은 속성수가 아닌 일반 잡목이었습니다. 나무가 자란 것을 보니 처음에 민둥산이었나 봅니다. 계획 조림을 한 것으로 등고선이 일정한 라인을 긋고 있었습니다.

이곳의 공해방지 시설과 산림녹화 사업을 관심 있게 보게 된 동기는 우리나라와 밀접한 관계가 있어서입니다. 계절풍이 부는 시기에 한국

으로 실려 오는 미세 먼지의 주된 발생지가 바로 이곳이기 때문입니다. 바람이란 원래 국경도 없고 막을 방법도 없어서 고스란히 앉아서 당해야 하는 것이기 때문에 하늘만 쳐다 보고 원망할 수밖에 없어 발생지의 공해 발생 기준치만 논할 뿐입니다. 이런 방법으로라도 공해를 최소화하겠다는 중국에서 보여준 성의는 다소 위안이 될뿐더러 남의 탓만 해서는 안 된다는 깨우침마저 가지게 합니다.

잘한 것은 내 탓이고 못한 것은 전부 남의 탓으로 돌리는 경우가 많았습니다. 공해로 앞이 잘 안 보이고 침침할 때면 기분도 날씨에 따라 우울해져서 숨이 막히는 현실을 전부 중국 탓으로만 생각하였습니다.

공해가 심할 때는 기상청 발표에 관심의 촉각을 세우다 보니 기상청에서 발표하는 생소한 단어에도 익숙하게 되어 중국 탓만도 할 것이 아니고 주범의 대상이 멀리 있는 것도 아닌 내 발등에도 함께 있다는 것도 알게 되었습니다.

공해라는 주적이 별도로 있는 것이 아니라는 것을 깨닫게 되니 내 탓 네 탓 따지기 전에 우리 모두의 책임이라는 것을 알게 되어 서로 노력하면 다소나마 숨구멍이라도 트이지 않을까 생각합니다.

끝이 보이지 않는 지평선이라더니 이곳의 태양광 발전소 시설이 중국의 땅덩어리 값을 하는 것 같습니다. 망망대해라는 표현도 가당하다고 생각이 들 정도였습니다. 전기 발전량이야 어찌되었든 덮개로 씌워진 나대지 위에 먼지만 막아주는 것만이라도 감사할 것 같습니다.

거기에다가 사진에서도 보이는 것같이 미세한 천으로 덮개까지 덮어 준 것이 고맙게 생각됩니다. 사실 이러한 거대한 시설로 공해방지를 한다고 하지만 수치로 계산한다면 얼마나 효과가 있겠습니까? 단지 공해를 방지하겠다는 무한한 의지의 상징이라 보여집니다.

어찌 보면 이런 정책들이 공장 굴뚝 하나에서 나오는 공해물질도 못 막고 그대로 두면서 하잘 것 없는 짓으로 손바닥으로 해를 가리려는 것 같은 행동으로 보이기도 합니다. 그래도 인간은 자연보호에 계속 노력할 것이라는 의지를 보여주는 것 같아 대자연 앞에서의 결연한 모습을 느끼게 됩니다. 그렇게 자연과 동화되고 그것에서 깨우침을 얻어 이런 난관은 이겨나갈 수 있다는 결의가 다져지리라 생각합니다.

연암 선생이 이곳을 지나 열하로 간 길은 공해방지 시설 따위는 필요 없던 자연상태 그대로의 길을 두 발로 걸어간 길이었습니다. 우리들도 공해를 유발하지 않는 자전거에 몸을 싣고 두 바퀴로 그 여행길을 따라갔습니다. 우리는 걷는 대신 페달만 돌려주면 되었습니다.

자전거는 정직했습니다. 공해가 있는 길이든 없는 길이든 자기가 선택한 방향 대로, 페달에 전달되는 힘만큼 앞으로 나아가게 되어 오늘 아침밥도 내 자전거 몫으로 밥 한숟갈 더 챙긴 것이 얼마나 거리로 보답해줄 것인지 궁금하였습니다.

이제는 우리들의 식생활이 자전거 라이딩에 최적화되어 저의 입맛은 무던하게도 양질의 음식이든 식성에 맞지 않는 음식이든 넣어만 주면 넣어준 만큼 에너지로 변환하여 자전거의 주행거리로 보답해주는 질량 불변의 법칙이 엄격히 적용됨을 감사할 따름입니다.

맨땅에 헤딩하고 있습니다

맨땅에 헤딩한다고 메뚜기가 마른땅에 코를 박고 있네요. 중국의 일대일로(One belt, One road) 정책에 힘을 보태주려면 메뚜기 한 마리라도 날개짓을 할 수 있어야 할 터인데 메뚜기는 날개조차 돋아날 기미도 보이지 않는가 봅니다. 언제쯤 좋은 소식 있겠느냐고 물어봐도 대답도 없이 연신 고개만 끄덕입니다.

이른 아침이든 늦은 저녁이든 장소에 구애됨이 없이 운동할 수 있는 행동 반경만 주어지면 누구라도 참여할 수 있는 것 같습니다. 우리의 호프 용진 님이 매일 참여하여 현지화합니다.

건전한 음악 속의 율동은 건강한 삶을 잉태하여 중국인들의 심성을 부드럽게 하는 것 같습니다. 이곳은 계층 간에도 소통하고 마을과 마을 간의 주민들도 서로 정보를 주고 받는 대화의 장이 되며 체력연마의 장소도 겸합니다. 이렇게 되니 중국 사회의 힘을 육성하는 수십만 개의 장소가 천안문 광장 역할을 하는 것 같습니다.

가난했던 공산주의 국가에서 오늘날 중국이 눈부시게 발전한 저력인 중국식 공산주의는 이런 곳에 기반을 두고 있는 것 같습니다.

제갈량의 오장원에서 본 도무외심(刀無外心)

마음 외에는 다른 칼이 없다(심외무도, 心外無刀)

중국 오장원에 있는 제갈량 묘 앞의 바위에 새겨진 글귀입니다. 마음을 칼 삼아 지략을 펼쳤던 제갈량을 잘 나타내주는 문구였습니다. 제갈량은 이 글을 평생 지략의 근본이자 삶의 지표로 삼고 삼국시대를 경영해 온 것입니다. 『삼국지』에서 보여준 지략이 사실 그대로라면 그 시대를 통찰하고 사람의 마음을 다스리던 신의 경지와 같은 제갈량의 묘책은 오늘날을 살아가는 현대인에게도 귀감이 될 것으로 보입니다.

이 문구 중에서, '칼 도(刀)'를 '길 도(道)'로 바꾸면 심외무도(心外無道), 즉 '마음 외에는 다른 길이 없다'라는 뜻이 됩니다. 진심만이 답이라는 뜻입니다. 뜻 글이 가지는 묘미라 하겠습니다. 자기가 전달한 말을 상대방이 어떤 의미로 해석하든지 상대의 의중을 존중한다는 여유로움도 보입니다.

이런 정신 문화의 토양 위에 민도는 왜 그 모양인지 모르겠습니다. 56개의 씨족 사회가 가지는 삶의 방식에서 오는 생활의 다양성과 그 민족이 가진 고유의 문화가 서로 융화되지 못한 것에서 생기는 부작용이라고 보기에는 심한 뻔뻔스러움이 느껴졌습니다. 자기네들끼리야 치고받더라도 주변 국가들에게는 중화라는 꿈은 접었으면 합니다.

남의 말 할 것 없다는 것을 오늘 겪은 한 장면에서 다시 되새겼습니다. 동시에 나의 얼굴도 견주어보며 돌아보게 되었습니다.

가족으로 구성된 한국의 관광객이었습니다. 나이가 내 또래 정도인 듯한 분이 오장원 앞에서 일장 연설을 하시는 모습이 머리에 먹물이 좀 든 것 같기도 하고 분필가루를 좀 날린 것 같기고 했습니다. 이곳에 와서 충효 사상을 이야기하고 『삼국지』를 이야기한다는 것은 속된 말로 공자 앞에서 문자 쓰는 격이라 보여지는 것이 꼭 내 모습을 보는 것 같아 민망하였습니다.

마을 앞 연주회장

연주자는 이곳 주민인 것 같았습니다. 이런 연주회장을 도처에서 볼 수 있었습니다. 마을 앞 휴식공간에 몇 사람이 모여 창을 하는 사람과 악기를 연주하는 사람이 제대로 된 악기를 갖추어서 함께 어울어졌습니다. 앞에 연꽃이 피어 있는 연못과 악기소리와 음정과 맞춘 연주회장은 주위 특성에 잘 어울리며 좋아보였습니다.

그 붓끝에는 몇천 명의 공자가 있었고
몇천 명의 주자, 맹자도 있었습니다

중국에 도착한 다음날에 자기 키만 한 붓을 가지고 타일 위에 서예를 하시는 분을 만날 기회가 있었습니다. 우리들의 여행 콘셉트가 『열하일기』의 길을 따라가는 여행이기에 그 상징으로 『열하일기(熱河日記)』 현판 글을 중국이 한문권이라 한자로 받고 싶어서 청을 드렸더니 다음 날

아침으로 미뤘습니다. 타일 위에 먹 대신에 물로 쓰는 글씨라 물기가 있어서는 안 되므로 다음 날의 일기예보에 신경 쓰게 되었습니다.

『열하일기』의 이번 여행에 중국의 저변을 보게 되어 여행의 의미는 한 층 더 깊어졌습니다. 앞에서 말한 아침 체조와 음악에 맞춘 건전한 몸 짓은 어느 곳이라도 주어진 공간만 있으면 가능한 생활 체육이었고 종 이가 없어도, 먹이 없어도 강령(綱領) 장이 된 서예는 대중 예술로 숭고 한 자리를 잡은 것 같았습니다. 자국어가 뜻 글씨인 관계로 주위의 관 객에게 사상을 유도하는 가르침은 중국 정신 문화에 뿌리를 둔 것처럼 고귀하게 보였습니다.

저는 개인적으로 중국은 한자문화권이고 한 글자 한 글자 획에 따른 의미와 다른 획의 의미가 합쳐져서 또 다른 복합적인 의미를 탄생시키 는 것은 특별하다고 생각합니다. 이런 뜻 글씨는 SNS가 대세가 된 현실 에서 불편함도 있지만 그것을 넘는 좋은 이점도 있다고 생각합니다.

타일 위에 쓰여진 명인들의 좋은 글귀는 어떤 훌륭한 내용을 가진 설 교보다 더 깊이 함축된 내용을 표현하고 있으며 그 명구를 쓰면서 설명 하는 자리는 중국의 정신 문화를 함양시키고 발전시키는 좋은 교육의 장이 되는 것 같아 자랑스럽게 보여졌습니다. 이런 것이 본래의 한자가 가진 뜻 글의 우수성이라고 생각합니다.

글 몇 자 속에 담겨 있는 심오한 진리는 타일 위에 쓰여지는 진리와 그 속에 담겨 있는 진리로 나뉘어 대중들에게 다가갑니다. 글자의 의미 를 바로 그 자리에서 알아들을 수는 없었지만 몇 글자의 의미를 되새기 면서 자기 멋대로 해석하는 재미도 누려볼 수 있었습니다.

이 장소에 나와서 붓글씨 쓰시는 분의 품격을 봐서 자기의 글 쓰는 솜씨를 자랑하러 나오신 분이 아니고 그 글에 담겨져 있는 뜻을 관객에게 설명하는 것에 더 의의를 두는 것 같았습니다.

『열하일기』속 연암 선생은 현지인들과 필담을 나누었다고 합니다. 그 필담으로 자기가 가지고 있는 말의 뜻을 전달할 수 있었다는 짐은 한자가 뜻 글이라는 기반을 가지고 있었기 때문에 가능하지 않았나 생각해 봅니다. 타일 위에 쓴 글귀도 몇 자만 알면 아래 위로 그 뜻을 유추하여 보며 전체의 표현하고자 하는 것에 접근할 수 있었습니다.

옆에 주차장 공간에는 중국 어디에서나 볼 수 있는 서예장이 있었습니다. 서로의 영역을 지켜준다는 배려로 연주장 공터는 쓰지 않고 주차장 한 귀퉁이에 자리잡고 있었습니다. 자기가 쓴 글에 대해 설명하는 자리에 많은 사람이 이야기를 경청하고 있었습니다. 표정이 진지하게 보였습니다. 알아들을 수는 없었지만 논어의 어떤 구절인 것 같습니다. 글자 한 자를 파자(破字)를 해가면서 설명하는 자리에 듣는 관중은 진지하여 마치 수준 있는 학술장 못지 않았습니다.

개인적으로는 이런 모습이 참 부러웠습니다. 좁은 공간이지만 함께 나누는 의사 소통에도 넓은 공간이 요구되지 않으며 오히려 일대 일로 하는 맞춤 교육장 같아서 강연을 하는 사람이나 관람하는 사람 사이에 스승과 제자라는 관계 설정도 되지 않고 자유스런 분위기에서 담론을 나누었습니다. 이렇듯 옛 성현들의 말씀 속에 공감할 수 있는 다양한 소재가 있는 것은 중국이 한자문화권을 기반으로 하며 뜻 글인 한자를 사용하기 때문이라고 생각합니다.

종이 대신으로 쓰이는 바닥의 타일은 공해를 일으키는 것도 아니고 별다른 소품을 사용하는 것도 아닙니다. 타일은 한 자 한 자 쓰여지는 글자의 자간 거리와 딱 맞춰지는 것 같고 넓은 장소가 요구되지 않아 대중과 호흡을 나눌 수 있는 근접한 거리에 딱 맞는 행위예술이라 보여집니다. 이것은 중국과 같은 한자문화권에서만 할 수 있는 특별한 것이라 하겠습니다.

중국의 미래

우리나라 어느 보육원에 간 것 같았습니다. 총명한 눈망울은 우리나라 여느 유치원의 모습과 다름 없었습니다. 이곳도 마을 규모에 비해 영유아가 몇 명 되지 않는 것으로 봐서 산아제한 효과가 나타남인가 하였습니다. 우리나라가 가지는 어두운 미래를 이곳에서도 볼 수 있어 얼마 전까지 산아제한이라는 정책이 무색하게 되리라 봐집니다.

제6부

열하로 가는 길

만리장성은 항상 그곳에 있다
마음만 먹으면 언제나 넘을 수 있는 언덕일 뿐이다

고구려 산성과 만리장성은 함께 그곳에 있었다

이념과 의식없이 평등한 눈으로 봐도
호산(고구려)산성만은
오랜 세월 동안 별다른 관리와 보호 장치를 하지 않았지만
축성방식이 세 가지 석축 쌓은 방식으로

품(品)자 형식의
6합 쌓기와
쐐기돌로 마감

하는 방식으로 축성하였기 때문에
고구려 산성의 우수성을 여기에서도 볼 수 있었습니다.

고구려의 영혼을 담은 자전거 길에 한참 동안은 무아지경에서
선대들의 숨결과 맥박의 고동소리를 들으면서
달리는 환상의 세계를 깨우는 것이
눈앞에 어지럽게 나타났다.

고구려 산성이 호산장성으로 둔갑되었다.
턱도 없이 여기에도 동북아공정(東北亞共程)이었다.

2019년 11월 옛 성을 찾아서

제1장

『열하일기』

국문으로 『열하일기』라고 쓴 글은
熱河日記 쓰여진 사진 위에 덧글로 쓴 글입니다

    종이 위에 쓴 글이 아닙니다. 타일 위에 물로 쓴 글로 물이 마르기 전
에 카메라로 옮겨온 것이 먹물처럼 검은 색깔로 표현이 되었습니다.
    타일 위에 떨어진 물방울도 있고 타일과 타일의 이음매도 깨끗하지 못하지만 어느 화려한 지필묵으로 쓴 글보다 더 깊은 뜻이 있다 하겠습니다. 이 글을 얻기까지에는 사전 기획과 의도된 계획에 의한 것이 아니고 우연한 발상에서 생긴 것이지만 투박한 우리 여행의 질과 맞아떨어진 것 같아 우리 여행의 일기에 머릿글로 쓰고자 합니다.

영원성에 도착하였을 즈음에 숙소 옆 골목에 자기 키만 한 붓을 가지고 타일 위에 글을 쓰는 서예가를 목격하게 되었는데 우리들이 하는 여행의 콘셉트가 『열하일기』라는 제목이니 한자문화권에 왔으니 '열하일기'라고 한자로 된 현판 글을 받으려 하였습니다. 늦은 시간이라 어둠이 내려 사진촬영은 할 수 없어 다음 날 날 밝은 후 아침 시간으로 기다려 보기로 했습니다. 잠도 설쳐 가면서 계단 오르내림을 몇 번 한 끝에 만남이 이루어져 부탁하여 얻은 글이라 글의 품격이야 어떻든 여행 중에 이룬 것이니 그 나름대로 뜻을 두면 귀한 명필이 될 것이라 생각하고 지전으로 감사함을 표시하려 하였으나 극구 사양하여 이 글을 더 돋보이게 하였습니다.

모든 물건은 그 물건에 합당한 가치를 치뤄야 그 물건의 가치가 성립되는 것처럼, 또 그 가치의 높고 낮음은 그 물품이 탄생할 때까지의 과정이 중하면 중한 것처럼 그 물건의 가치 기준에서 가늠하게 된다고 생각해서 고마움을 전하는 마당에 제가 가진 흡족한 마음을 얻어 감사함을 전하려고 하였지만 극구 사양하심에 '열하일기'라는 현판에 가늠되는 감사함이 함께 담긴 것으로 더욱 빛난 탄생이라 하겠습니다.

중국에서는 공원이나 대중들이 쉬는 공간에서 붓으로 먹 대신 물로 쓸 수 있는 타일이 있는 곳이라면 긴 붓으로 글씨를 쓰는 것을 가끔 볼 수 있었습니다. 한자문화권인 중국만이 가진 특별한 대중 예술로 자리 매김되어 이는 국민정서를 예술성으로 함양시키는 것이라 보여졌습니다. 작은 공간에서도 적용할 수 있고 별다른 도구와 장치가 필요치 않는 곳에서도 건전한 대중 예술로 탄생할 수 있게 하였습니다

1970년대 말부터 덩샤오핑(鄧小平)이 취한 중국의 경제정책인 흑묘백묘론(黑猫白猫)을 모티브로 한 것처럼 우연한 발상으로 '열하일기' 현판 글을 받는 것은 여행 중에 이런 조그만한 행동 하나로 현지화할 수 있었다는 것으로 오늘 '못 말리는 늙은 고양이'도 쥐를 잡을 기회가 되어 그 또한 다른 여행의 멋을 느끼게 되었습니다. 감사합니다.

※ 현판을 쓰는 장면을 사진으로 찍은 것을 동영상으로 편집하여 책머리에 QR코드로 업로드하였습니다.

만리장성을 넘다

제 2 장

그 길에 다리가 놓여졌다

연암 선생 일행들의 여행길에 빗물이 불어나서 건너지 못해 배를 기다린다고 하루를 지체하였다는 곳에 멋진 아치형의 다리가 놓여졌습니다. 연암 선생은 길이란 두 가지 길이 있다고 했습니다. 눈으로 보이는 길이 있는가 하면 눈으로 볼 수 없는 관념의 길이란 것도 있다고 했습니다. 오랑캐의 나라라고 고정관념을 가지고 들어왔던 청나라에 첫발을 들여놓자마자 이렇게 생각했다고 합니다.

피기비평등안야(彼豈非平等眼耶)
저 맹인의 눈이야말로 진정 평등한 눈이 아니겠느냐

※ 저는 여기에서 길이란 남을 인도한다든가 자기가 지향하는 방향의 관념적인 길을 뜻 글로 길(道)이라 적어보고 또 다른 길인 땅 위에 자전거를 올려놓고 이동하는 길은 소리 글로 길(吉)이라 구분하여 적어봅니다.

길(吉)이란 경계일 수도 있고 선(線)일 수도 있으며 뛰어넘을 수도 있고 그곳에 주저앉을 수도 있다고 생각합니다. 용기가 있고 끈기가 있는 사람에게는 좋은 곳으로 안내도 하지만 나쁜 길로 인도되어 힘든 길도 될 수 있다고 생각합니다.

이 길 저 길 수많은 길이 있지만 자기가 선택한 길로 가고자 했을 때 길을 나섰다고들 하지요. 그 말은 어떤 결과치라도 받아들인다는 행동의 표시이며 의사의 결정을 표현하는 말일 것입니다. 길(吉)에 나섰다는 소리글의 말과 길(道) 위에 섰다는 말은 조금은 의미가 다르다고 생각해봤습니다. 연암이 열하에 갔던 길도 두 가지 길로 나누어 생각해본다면 첫 번째 길(吉)이란 황제의 축수연 일정에 맞춘 바삐 가는 길이었는가 하면 두 번째 길(道)은 아무것도 배울 것도 없는 오랑캐 나라에 와서 놀랍도록 발달된 문물을 보고 이를 배울 것은 배워야 한다는 깊이 있는 눈으로 모든 사물을 생각하면서 보고 가는 길이라 하겠습니다.

우리들은 연암이 갔던 길(道) 위에 서 있습니다. 그 길은 바퀴 밑에 놓인 길(吉)이 아니고 눈으로는 보이지 않는 관념의 길(道)이었습니다. 연암이 위에서 말한 것처럼 두 가지의 길이 있다고 말한 길, 또 다른 길을 찾아 눈으로 보이지 않는 마음으로 보는 관념의 길을 걸었다고 해서 이곳에 섰습니다. 연암은 또 다른 눈으로 또 다른 길(道) 위에서 무엇을 보았을까요.

『열하일기』 속에서 가르쳐준 눈으로 보이는 길(吉)에서 239년 전에 정확히 1780년 6월 24일 조선을 출발하여 17일차 7월 10일에 연암이 이

연암 선생이 강물이 불어 건너지 못하였다는 곳에
신팔삼교(新八三橋)가 놓여졌다

곳에 와서 나룻배를 기다렸다는 강 위에 멋진 콘크리트 구조물로 다리
가 놓여져 우리들은 시대를 달리하여 2019년 7월 10일에 "신팔삼교(新
八三橋)" 다리 위에 서 있게 하였습니다.

  이 다리는 문화의 이기로 자연발생적으로 생긴 다리인지 모르지만 그
다리 위에서 우리는 생각해봅니다. 이 길(吉)은 연암도 지나갔지만 호
란을 일으켰던 청나라 군인도 이 길(吉)로 갔고 6.25 사변에 동원되었던
인민군도 이 길(吉)로 지나갔다고 합니다. 이 길은 그 위로 수많은 사연
과 역사를 실어 나르는 역할을 하였지만 우리들은 연암 선생이 보고 느
꼈던 숨결을 찾아 떠나온 관념의 길(道)일 수도 있었고 우리들을 다리
위에 서 있게 하는 길(吉)일 수도 있다고 생각합니다.
  연암 선생은 이 길을 두 번 다니게 되는 왕복하는 길일 것입니다. 이

길 외에는 조선으로 돌아가는 길이 그때는 없었기 때문입니다.

이 다리 위를 첫 번째로 가는 길은 축하사절로 일정을 맞추는 바쁜 길(吉)이 되었지만 돌아가는 그 길(吉)은 새로운 문물을 알리어 새로운 시각으로 보는 세상을 알리기 위해서 촌각을 다투는 더 바쁜 길(道)이 되었으리라 생각합니다.

우중 라이딩

청태조의 환갑잔치에 일정을 맞춘다고 6월 24일에 조선에서 출발한 일행이 7월에는 계속되는 장마철이라 비를 피해 지체할 시간이 없어 우중이라도 강행군을 하였다 하여 우리들도 비를 맞은 우중 라이딩을 하였습니다. 출발할 때부터 비가 나리는 길이라면 출발이 고려 대상이 되겠지요. 라이딩 도중에 비를 만나게 되면 비 피할 곳이 없어 계속 달려야만 했습니다.

그때는 소위 말해서 빗속을 달리게 됩니다. 빗속이란 빗줄기와 빗줄기 사이로 비 맞지 않고 달린다는 뜻입니다. 이미 맞은 비로 물구덩이에 빠진 새앙쥐 꼴이 되었는데 비를 덜 맞으려고 빨리 달리는 것이 아닙니다. 자연적으로 빨리 가게 됩니다. 피부에 닿은 물은 산소를 더 많이 피부로 전달시키는 까닭이라고 알고 있습니다.

지나가는 트럭들은 다른 나라에서는 자전거 통행인에게는 교통 약자라 하여 최소한 피해가 적게 가도록 조심하여 운전하는데 이곳에서는 지나가는 차량이 조금의 배려도 없었습니다. 오히려 장난삼아 물을 더 튀게 하여 흙탕물을 뒤집어 쓰게 하였습니다. 시야를 가린 흙탕물은 앞을 가려 위험하기도 했습니다. 밤중에도 길을 나섰다고 하여 우리들은

『열하일기』속의 환경에 근접하고자 야간 주행도 하고 숙식도『열하일기』속의 분위기를 감안한 노숙도 하였습니다.

깜깜한 밤중 라이딩

야간주행은 지양(止揚)해야 하겠습니다. 자전거는 중심 이동 운동이라 지면의 굴곡에 대처하는 방향 감각은 어떠한 환경에서도 조심하지 않으면 대처하기 불가항력적인 위험한 요소가 있음을 경계해야 합니다.

한국에서 출발할 때 경우에 따라서 야간운행도 하여야 된다는 것을 전제하여 준비하였습니다. 전조등 밝기도 점검하고 후미등도 철저히 갖춰 왔습니다. 낯선 곳 초행길에 자전거 길 사정도 모르면서 야간에 자전거 타는 것은 한 순간만 방심하면 사고와 직결되니 야간주행은 철저한 준비와 최대의 안전을 기하는 운행이라도 자신의 잘못으로 발생하는 사고보다도 외부에서 오는 위험요소는 피해 가야 하는 이중의 부담을 안은 라이딩이었습니다.

야간이니 서로가 식별할 수 있는 장치를 갖췄다 함에도 한계가 있었습니다. 더군다나 야간에 발생하는 사고는 생명과 관계되는 사고이므로 자전거 타는 본인부터 위축되어 제 기능을 발휘할 수 없습니다. 전조등을 켜야 될 환경이라면 무조건 그 자리에서 자전거를 세우는 것이 정답인 것 같습니다.

오늘도 한 차례 위험한 요소가 있었습니다. 철저한 교통규칙이란 자전거 탈 수 있는 환경 내에서 지켜지는 규칙이지 자전거 탈 수 없는 야간에 대한 것은 아니었습니다. 외부에서 오는 위험요소는 자신이 지킨다고 지켜지는 것이 아니기 때문입니다.

자전거 사고는 능숙하게 자전거를 다룬다 못 다룬다는 기능의 문제가 아니었습니다. 다소의 차이는 있다고 하지만 그 다소의 차이가 크나큰 결과를 초래한다는 것을 명심하고 누구나 완벽하게 피할 수 있는 기능은 없다는 것을 인지하고 대응하여야 했습니다. 다시 말해서 지나친 자신감은 만용에 불과하다는 것을 알아야 합니다.

자전거 사고는 누구나 겪는 것입니다. 시기와 횟수의 차이가 있을 뿐이지 크고 작은 사고는 늘 상존할 수 있다고 생각하고 항상 조심에 조심을 거듭하면서 그에 대해 대처하는 방안을 검토하는 능동적이고 적극적인 자세를 가져야 된다고 생각합니다.

사고의 원인은 기능의 차이 이전에 안전에 대한 자신의 마음에서 오는 차이라고 생각하게 됩니다. 기능에서 오는 차이는 몇 번의 훈련으로 어느 한 수준에 도달하면 인체의 기능은 대동소이하여 평준화되어 거의 차이가 없다고 생각합니다.

자전거 타면서 겪는 사고는 경중을 떠나서 인식의 차이를 먼저 가져야 될 줄 압니다. 무릎 조금 까지고 손에 물집이 조금 생겼다고 사고라고 간주하는 꾼들을 볼 수 있습니다. 자전거 타면서 겪는 사고의 기준에 대해 저는 이렇게 생각합니다. 자전거를 자력으로 탈 수 없는 수준까지의 상해를 입었을 때를 사고라 칭하고 그 정도가 아니면 대범하게 생각하여 웬만한 상태까지는 인내로 버텨 이겨나갈 수 있어야 합니다.

저는 자전거 위에 올라탔다 하면 사고는 항상 상존하는 것이라 생각하다 보니 크고 작은 사고에 어렵지 않게 대처하게 됩니다. 그렇게 생각하면 그에 따른 상처와 후유증도 어렵지 않게 수용하게 되어 육신은 다소 힘들어도 마음의 상처는 편안한 마음으로 쉽게 감내하는 것 같습니다.

앞에서 비 오는 길과 밤에 자전거 타는 이야기를 나눴습니다. 자전거 여행을 하다 보면 생소한 초행길에는 항상 긴장된 마음에 조심해서 운행하지만 그런 경우에는 인위적으로 해결할 수 있지만 정말 답이 없는 경우도 있습니다.

이번 여행에 이런 경우가 있있습니다. 영원성에서 신해관 가는 길에 터널을 만났습니다. 터널의 길이가 798m나 되는 긴 터널이 갓길도 없으면서 더구나 터널 안에는 조명등도 설치가 되어 있지 않은 캄캄한 터널이었습니다.

이때에 대처하는 방법 3가지 중 하나를 선택하여 일사불란한 행동으로 위기를 면하도록 해야 했습니다. 이때의 사고는 경중을 떠나서 생명과 관계가 있고 한 사람만 당하는 것이 아니고 피할 수 없는 터널 안은 한쪽은 벽이고 또 한쪽은 차가 지나다니는 찻길이라 넘어질 때 앞이나 뒤로만 넘어져야 하기 때문에 단체로 사고를 겪을 수 있으니 꼭 유념하시기 바랍니다.

나라마다 교통규칙이 달라 자전거로 차선 하나를 점령하고 다녀도 가능한 것인지 교통법규도 알아보고 다녀야 겠지만 선택의 여지없이 차선 하나를 점령하고 가는 경우 자동차는 뒤따라오라 하고 배짱 좋게 차선 하나를 잡고 가게 되면 뒤따르는 차량들의 경고음은 굴 속이라 폭탄 터지는 소리로 들려 공포감에 모든 기능이 마비되어 귀가 멍해지면서 앞도 잘 안 보이게 됩니다.
가장 밝은 전조등을 가진 사람이 앞장서고 제일 뒷자리 마무리로 가는 사람은 후미등과 뒤에 따라오는 차량이 식별할 수 있는 모든 방법을 동원하여 신호를 줘야 합니다.

뒤에서 오는 차량의 굉음은 자제력을 잃게 합니다. 자전거를 타고 가는 사람에게는 한순간이지만 공포의 가슴 졸이는 순간이 길게만 느껴지는 시간이 되어 빨리 벗어나고자 달리려는 유혹은 절대 금물입니다.

이때에 후미에 위치한 사람은 앞선 사람에게 마음의 안정을 도모하는 역할을 하는 위치이니 모든 위험을 감내하고라도 큰 소리로 안전하다는 뜻으로 계속하여 무사하다는 존재감을 보내줘야 합니다. 앞선 사람이 다소 공포에서 해방되도록 도움을 줘야 합니다.

후미에 서는 사람은 동료들의 보호막의 역할을 한다는 것을 동료들에게 알려주고 그런 점을 실천할 수 있는 대원이 후미를 맡아야 합니다. 후미가 당황하게 되면 전원이 당황하게 되어 예기치 않은 불상사가 생길 가능성이 있는 자리입니다.

이런 위험한 터널을 통과할 때 라이딩하는 순번을 정할 때가 되면 우물쭈물하는 사이에 그 자리가 언제나 나에게 남게 됩니다. 어쩌다 제 몫을 하게 된 것은 다소 다른 사람보다 위험에 대하여 둔감하고 익숙하게 된 까닭이 아닌가 생각합니다.

일차적으로 자동차에서 오는 위험한 생과 사의 보호막 역할을 항상 자처해야 했습니다. 지난번 영원성 들어가기 전에 만난 짧은 터널이지만 갓길 없는 터널을 만나게 되었습니다. 무심코 온 길이 뒤따르는 사람이 오지 않아 기다려 봤으나 터널을 진입하지 못하고 그 자리에 그대로 멈추고 있었습니다. 되돌아가서 견인하였던 적이 있었습니다. 그후로 마무리로 가는 끝머리 보호막은 내 몫이라고 자청해야 했습니다.

여러 차례 원정 라이딩을 경험했지만 목숨을 담보로 하고 다니지는 않았습니다. 꼭 위험한 터널을 통과해야 할 경우 히치하이크로 후미에서 커버하여 주는 차량을 두고 하거나 때에 따라서 우회하는 길이 있다면 거리가 멀다 가깝다를 따지지 않고 돌아서 가기도 했습니다. 자전거 타는 거리가 길면 길수록 여행하는 시간이 길어지니 그 자체가 관광이고 여행이니 우회도로를 이용하는 것이 대안입니다.

『열하일기』 속의 길은 만리장성을 끼고 가는 길이라 터널도 많았고 교량도 많아 항상 위에서 말한 터널을 통과할 때 갖춰야 할 준비사항을 철저히 하고 다녀야 했습니다.

캠핑카+(자전거)로 하는 여행

어떤 종류와 목적을 가진 여행이라도 여행의 질을 가늠하는 것은 이동하는 수단과 숙박 및 먹거리라는 생각이 들어 궁여지책으로 캠핑카+(자전거)로 하는 것을 생각해보았습니다.(꼭 차량을 캠핑카로 정하는 것보다도 덮개가 없는 화물차도 용이함)

자전거를 타고 다니면서 관광한다는 전제하에 계획을 세우다 보니 도착한 관광지 구석구석을 헤집고 다니면서 관광하려면 무거운 짐을 가지고 다닐 수도 없고 또한 가는 데마다 호텔을 예약하는 번거로움을 해결하는 방법으로 조금은 불편하지만 캠핑카를 이용하는 것도 차선의 방법이라 생각했습니다.

캠핑카를 이용하게 되면 일행들의 컨디션 조절과 여행 중에 일어날 수 있는 예기치 않은 날씨 및 신변에 대한 보안 문제와 짜여진 여행 일정을 무리 없이 잘 소화할 수 있다는 장점이 있습니다. 그러므로 차량 렌트비와 주행거리를 비교분석하면 경제적인 혜택을 누릴수 있다고 생각합니다.

아침식사는 출발할 때 한국에서 나눠서 준비한 밑반찬으로 캠핑카 조리실에서 해결하고 점심은 매식을 원칙으로 하나 상황에 따라 융통성 있게 해결하며 저녁은 캠핑장에서 바비큐 파티로 즐길 수 있습니다. 좋은 육질의 고기와 향기로운 와인의 향이 피곤한 당신의 몸을 꿈나라로 안내할 것입니다.

이동수단의 교통비 및 숙식을 캠핑카로 해결한다고 봤을 때 일반 패키지 여행비의 반값으로 더 고급스럽고 더 많은 것을 체험하는 여행이 되리라 봅니다. 『열하일기』 그 길도 후미 지원차를 두고 여행하였을 경우였다면 일정을 일주일 정도 앞당길 수도 있었습니다. 가능한 사절단의 행로를 닮아보려고 하는 취지에 지원 차량을 두지 않았습니다.

『열하일기』 여행의 콘셉트는 연암 선생이 발걸음으로 다녔던 길을 우리들도 그대로 답습한다는 의미로 여행을 기획한 것이라 처음부터 걸어서 가는 여행이여야 했는데 현실적으로 일정을 맞출 수 없어 자전거로 실행한 것입니다.

이 여행은 조선시대 사절단이 목적한 취지를 맞춘다는 뜻에서 그때의 사람으로 환생한 여행객으로 변모하여 연암 일행과 같이 동행하는 여행자가 된 기분으로 한다고 해서 그 틀에 맞춘 여행이기 때문입니다.

앞으로 이곳을 다시 여행하게 된다면 지원하는 렌터카를 두고 하려고 합니다. 중국의 승합차는 렌터카의 주종이 한국의 12인승의 스타렉스 정도이니 인원이 5명에서 7명으로 구성된다면 운전은 렌트 시 옵션대로 3명으로 하여도 하루 자전거로 가는 거리를 맞춘 100km 내외이니 3일에 한 번씩 돌아오는 운전은 3일에 하루씩 휴가 받는 기분일 것입니다.

중국은 렌터카 네트워크가 온라인화 되어 있지 않아 문제가 됩니다. 여객선으로 왔다가 여객선으로 출발하게 되면 임차(임대) 지점과 반차(반환) 지점이 한곳이 됨으로 반차에 대한 수고로움은 없어 별도의 경비가 들지 않아 좋습니다.

후원차량을 두고 하는 여행은 다음 몇 가지를 생각해볼 수 있습니다.

1. 여행 계획을 차질없이 수행할 수 있다. 기후의 변화, 코스의 돌발적인 변경에서도 차질 없이 대응할 수 있다.
2. 하루 주행 계획을 지원 차량 없이 하는 것보다 20% 이상 더 할 수 있어 체제비용을 감안한 경제성 효율로 본다면 적은 비용으로 더 많은 것을 경험할 수 있다.
3. 안정성 확보이다. 리스크가 있는 지점에서는 차량으로 대피하여 보호를 받을 수 있다.
4. 무거운 휴대품을 차량으로 운반함으로 항상 최상의 컨디션으로 라이딩에 임할 수 있어 화물로부터 해방된 즐거운 여행을 즐길 수 있다.
5. 텐트(잠자리)와 취사도구를 휴대하고 다님으로써 어느 때 어떤 곳이라도 잠자리 걱정과 식사 걱정으로 일정에 영향을 끼치지 않고 오히려 여행다운 여행을 할 수 있다.
6. 경제성이다. 저렴한 가격으로 식재료를 구입하여 입맛에 맞는 식사를 할 수 있으며 잠자리 걱정을 하지 않아도 좋은 곳에서 밤을 보낼 수 있는 여유로움을 가질 수 있다.

이상에서 열거하지 않은 것 중 가장 중요한 것은 마음의 여유로움이라 하겠습니다. 여행의 본질이 일상을 탈피하고 새로운 생활에서 얻어지는 자유로움을 만끽하는 것이라고 생각한다면 이 방법이 최상의 방법이라 생각하여 저는 여러 차례 이 방법을 선택하여 여행하였습니다.

코로나 바이러스가 어느 정도 수그러지고 여행의 길이 열린다면 뱃길로 중국에 들어가서 백두산에 올랐다가 지난 여행 때 미흡하였던 『열하일기』로의 여정을 다시 들려 볼까 합니다.

어느 누구의 말처럼 세상은 넓고 볼거리도 많다고 하여 여기저기를 관광 다녀 미개척지를 넓혀 본다는 것에도 뜻이 있다 하겠지만 한 번 다녀왔던 곳을 다시 한 번 찾아 떠나는 여행은 개척했던 곳을 다시 한 번 심도 있게 본다는 것으로 『열하일기』와 같은 노정이라는 생각이 들이 보는 관광 이전에 생각을 곁들이는 여행이라 생각하기 때문입니다.

코로나 바이러스에서 여행길이 열리면 제일 먼저 여행할 곳이라 생각합니다. 압록강을 건너 두만강변을 따라서 백두산으로 향하는 북파 길을 선택한다면 아직까지 개발되지 않는 청정 지역을 만날 수 있을 걸로 압니다. 그쪽에 윤동주 시인의 고택을 지나가게 되고 조선족이 모여 살던 집성촌을 거쳐 지나갈 것 같습니다.

여유 있는 행보로 그곳에 가서 재래식을 먹인 돼지 한 마리 처리하여 마을 주민들과 어울리게 됩니다. 조선족의 2세, 3세를 만나 그간의 선조들이 살아왔던 이야기를 듣는 시간은 그 자체가 여행이 될 것입니다. 그 돼지가 비싼 금돼지 값을 할 것입니다.

그곳에서 3~4일 체류하여도 백두산 왕복에 단둥 기점 10일 이내에 마칠 수 있고 단둥에서 호산산성을 거쳐 북경 경유 피서산장이 있는 열하를 왕복하여도 20일 이내면 비자 만료기간 이내에 여행을 마칠 수 있으며 총 여행경비는 한국의 생활비에 준하면 될 것 같습니다.

민족의 영산 백두산 기슭은 아직까지 청정지역으로 코로나에 피해를 받았던 심신의 피로를 한달 동안 다니며 풀어 보는 시간을 가져보면 어떨까 생각합니다.

자전거 여행 시 터널을 지나갈 때

이럴 경우 다음 몇 가지를 참고사항으로 준비하면 도움이 되겠습니다.

1. 개별 행동을 자제하고 단체 행동으로 통과합니다. 출발 전에 주행에 따른 주의사항을 다시 한 번 환기시킵니다. 공포스런 분위기에 자제력을 잃기 쉬워 앞 사람과의 주행 간격을 3m 이내로 하여 시야를 확보하고 단체로 주행하도록 합니다.

2. 히치하이크(hitchhike)하여 위험지대를 빠져나가는 방법이 있습니다. 자동차 도움을 받아 자동차를 뒤따르게 하여 통과했던 경험이 있어 이 방법이 가장 안전하고 쉽게 시행이 가능하다고 생각합니다. 이때에 승용차보다는 화물차량이 용이하고 경험에 의하면 화물차가 덩치가 큰 만큼 더 든든하다는 생각이 들고 도움을 주는 확률도 승용차보다 화물차가 더 높은 점이 있습니다. 참고로 알아야 할 것은 터널 입구까지는 주로 오르막 차로라는 것을 알고 화물차가 가장 싫어하는 것은 오르막에 차를 세우는 것이란 점을 유념하기 바랍니다.

3. 터널 안에서 주행할 때 공포의 시간을 빨리 면하고자 주행 속도를 빨리 하였을 경우 터널 안에는 항상 자생적으로 물이 있기 마련이고 물로 인해 생긴 웅덩이가 있는 경우가 많아 가장 많은 사고의

원인이 됩니다. 이때의 사고는 넘어진 사람을 터널 안이라 피해갈 수 있는 여지가 없어 함께 사고를 당하여 이곳에서 발생하는 사고는 인명과 직접 관계되는 대형 사고라 공동묘지로 공동으로 직행하기 때문에 절대 서행하여야 합니다. 사람의 시야도 밝은 곳에 있다가 갑자기 터널 안에 들어가면 착시현상과 터널에 적응하는 시간이 필요하니 고글은 꼭 벗어야 합니다.

4. 터널에 진입하기 전에 꼭 단체로 행동하여야 하며 주행하는 순서도 미리 정하는 것이 바람직합니다. 터널 앞에서 경고판을 찾아봐야 함은 물론이고 충분한 휴식을 하고 힘을 모았다가 출발하여야 합니다. 단일로 상의 터널이라든가 곡선이 심한 터널, 터널 안에서 다른 터널과 합쳐지는 복합 터널, 이런 난관은 터널 앞에 예고된 것이지만 특별한 곳이라 서로 의사를 전달하여 통일된 행동으로 움직여야 합니다.

5. 도로와 터널은 대다수 국제 규격화되어 있어 도로폭이라든가 갓길이 조성되어 있어 침착하게 대응하면 위험 요소는 벗어날 수 있습니다.

※ 참조: 유럽 여행 시 후미 지원차량으로 여행한 것을 참고로 했습니다.

제3장

금산령장성(金山領長省)

열하를 둘러싸고 있는 금산령장성은 하베이성(河北省) 동북부에 위치하고 옛 이름은 리허(熱河)로 러허성이라고도 불려지는 만리장성의 일부입니다. 원래 춘추전국시대에 소국들이 다른 나라의 침입을 막기 위해 각기 장성을 구축한 것을 최초로 통일한 진나라 때 연결하여 완성시킨 것이 만리장성의 원형입니다. 사마대장성보다 좀 더 북쪽에 위치해 있는 금산령장성(金山嶺長省)은 24개의 밍루가 있다고 합니다.

망루가 있다는 뜻은 군사 행동을 할 수 있는 도로가 있다는 뜻으로 자전거도 다닐 수 있다는 것으로 연계해서 추측하여 보면 망루에서 하루밤 어떻게 해볼 수도 있지 않을까 생각해 봅니다.

욕심 같으면 장성의 망루까지는 임도가 되어 있어 거리로는 10km 내외라 하니 하루 일정을 잡고 땀 한번 흘려 상쾌한 맛을 제대로 볼 수 있었는데 팀 구성이 출발할 때부터 그 점을 다져야 했습니다.

이런 장거리 여행을 할 때는 구성원의 적성을 알기 위해 몇 번의 전지훈련을 거쳐 각자의 체력과 기능도 점검하고 선호하는 음식이라든가 금기시하는 행동, 취미 등을 서로 알고 기쁜 일은 더 기쁘게 도움을 주고 싫어하는 것은 가급적이면 기분이 상하지 않게 함으로써 항상 유쾌한 일정으로 지낼 수 있는 배려심을 가질 수 있는 유대관계를 만들어야 했습니다.

그러한 과정을 가진다는 것은 서로를 이해하고 서로의 보는 관점을 찾아본다는 것이 되니 또 다른 세계관을 이해하고 폭 넓은 시야를 가져 여행의 질을 한층 높이는 결과를 얻을 수 있는 계기가 됨을 감사하게 됩니다. 동료들의 관심을 가지는 것을 찾아보고 이해하려고 노력하는 것도 어떤 의미로 자신의 여행의 질을 향상시키는 계기가 될 수 있다는 것입니다.

　이번 이 여행은 여과 없이 급조한 팀으로 진행하다 보니 다 만족할 수 없다는 제한를 두고 하는 여행이라고 전제한 것이지만 나는 다른 사람과 달리 만리장성을 완주한다는 의미를 가지고 있어 지척에 열하의 울타리를 두고 들쳐보지 못하고 가는 마음이 아쉬워서 전원의 의견을 물을 수 있는 환경이 되지 못하였습니다. 『열하일기』 내용 중에 만리장성을 관망하였다는 이야기는 있었지만 강조해서 땀 흘려 만리장성을 넘고 다녔다는 이야기는 없었던 걸로 알고 이쯤에서 접기로 하였습니다.

　오늘 그 길을 지나치고 그냥 가기에는 정말 발걸음이 떨어지지 않았습니다. 금산령 망루는 승덕에 있는 열하를 멀리서 보는 피서산장의 울타리격인 장성의 경계선이었습니다. 망루까지 왕복하는 길이 20km 내외라 하지만 등반이 힘든 곳이라 한 나절 시간이 소요될 것 같아 바라만 보는 것으로 만족하였습니다.

　몇 년 전에 서역(티벳)으로 가는 서유기의 끝자락이었던 가요관의 망루에서 만리장성을 보았던 것을 되새겨보는 것으로 대신하였습니다.

　미션(Misstion) – 남기다

　금산령장성은 다음에 여행 기회가 있다면 필히 망루에서 하룻밤을 보낼 수 있었으면 멋진 잠자리가 될 것으로 보입니다. 망루를 잠자리로 사용한다는 것은 공식적으로는 허용될 수 없는 것이지만 밤에 등만 켜지 않는다면 인적이 드문 곳이라 식별이 되지 않는 곳입니다. 멀리서 보면 조명등을 켠다고 해도 반딧불이나 별빛으로 보이기 때문에 문제가 되지 않고 조난을 당한 산행하는 사람으로 오해할 수도 있습니다. 망루는 주거 형태로 되어 있어 야생동물로부터 보호받을 수 있는 곳이며 망루는 지붕 덮개가 되어 있어도 밤하늘의 별도 볼 수 있는 곳이면서 비바람을 막아줄 수 있고 말 그대로 망루니까 경관도 좋으리라 봅니다.

서역 쪽 만리장성의 망루에서 몇 밤을 보낸 적이 있었지만 그때는 풍류로 보낸 것이 아니고 생사의 기로에서 생명을 보호받으려는 것으로 이용한 것이고 금산령장성처럼 인접한 곳에 망루를 두고 그냥 지나친다는 것은 호기를 놓치는 것이라 생각하여 전 구간을 완주했다고 했지만 이런 망루에서 밤을 지내지 않았다면 완벽하다고 할 수 없다는 미련이 남습니다. 꼭 이루어야 하는 미션을 하나 두고 그것을 완수할 날이 있을까 하는 염원을 하나 두고 갑니다.

2013년 10월에 서역의(가욕관) 만리장성에 갔을 때 만리장성의 지류인 광무산성에서 허물어진 만리장성에 방공호와 같은 구멍을 파서 그 속에 가축을 사육하는 것을 보았습니다. 그때에도 요동에서 숙박이 가능하였으나 고비사막에서 잠자리를 가지는 것이 더 좋을 것 같아 다음 기회로 미뤘던 것이 오늘 금산장성을 보니 그때 실행치 못한 것에 대한 아쉬움이 남았던 것과 겹쳐서 이번 기회에도 못하였던 것을 다음 기회에 꼭 실천할 것을 미션 1로 남깁니다.

현벽장성(懸壁長城)

　위 사진은 2014년에 '해를 따라 서쪽으로 가는 까닭은?'이라는 콘셉트으로 서유기의 손오공이 만리장성의 길을 따라 가욕관에 갈 때 넘었던 만라장성의 지류인 현벽장성(懸壁長城)입니다. 금산령산성과 모양

이 비슷하여 기억 속을 더듬다 찾아낸 사진입니다. 현벽장성은 명나라 때 가욕관의 방어를 강화하기 위하여 축조된 헤이산(黑山) 협곡에 절벽을 향해 지었으며 협곡 남쪽에는 암비와 대조를 이루며 본래 길이가 1.5km 정도 되었으나 현재 그 반밖에 남아 있지 않았습니다.

금산령장성((金山領長省)

위 사진은〈금산령장성((金山領長省)〉으로 가욕관으로 가는 현벽장성
(懸壁長城)과 어쩌면 그렇게 비슷할까요. 비교해보고자 사진을 대비하
여 봤습니다. 산세는 같았고 망루 위치만 달랐습니다.

저는 금산령장성을 보고 착각할 정도였습니다. 산세라든가 주위의 풍
경이 몇 년 전에 만리장성의 서역 쪽 끝자락인 가욕관에 갔을 때 와봤던
현벽장성(懸壁長城)과 비슷하여 착각하였습니다.

금산령장성(金山嶺長省)도 명대에 대규모 증개축을 하여 지금의 장성 모습을 갖추게 되었다고 합니다. 현재 베이징 주변의 팔달령장성(八達嶺長城)을 비롯해 명대 장성의 최동단의 산해관으로 이어지는 곳입니다. 이곳의 장성의 모양도 옛 고구려시대의 축성방식인 고려산성(호산산성)과 판이하게 다른 전통적인 중국의 만리장성 공법으로 축조되어 최서북단의 가욕관(嘉峪關)과 성의 모양을 같이하고 있습니다.

제 4 장

자동차와 자전거

팔
순
바
이
크

자전거라고 자동차와 별다른 안전수칙이 있는 것도 없습니다. 자동차의 동(動) 자와 자전거의 전(轉) 자가 다르다는 것뿐입니다. 자동차의 안전수칙을 철저히 지켜나간다면 안전은 99% 보장받을 수 있고 덧붙여서 생각해보면 자동차는 타의 힘으로 움직이지만 자전거는 자신의 힘으로만 움직이니 어떻게 보면 더 안전을 보장받을 수 있을 것이라 봅니다.

그러나 자신의 힘으로만 움직이는 자전거는 자동차와 달리 절대적인 안전수칙을 하나 더 가져야 된다는 것입니다. 자기 자신의 자제력입니다. 이것이 문제입니다. 항상 옷섶에 싸고 다니고 마음만 먹으며 100% 지킬 수 있는 쉬우면서도 가장 어려운 이 자제력만 지켜나가면 아무 문제가 없다고 생각됩니다.

첫째로는 테스 형이 말한 것처럼 '자신을 알라'였습니다. 나이는 헛먹었다는 무지능(知能) 소리를 들어서도 안 되고 체력이 부실하다고 기능

(技能) 소리도 들어서는 안 됩니다. '늙으니까!'라는 소리도 들어서도 안 되는 진퇴양난임을 인지하고 젊은 사람과 달리 평소에 기(技)를 갈고 닦아 언제나 응전할 수 있는 임전무퇴의 정신을 갖춰 모든 일에 최선을 다한다는 데 의미를 두면 되었습니다.

둘째로는 '남과 견주려고 하지 말고 남과 같이 따라하지 말라'였습니다. 언제나 나이라는 핸디캡을 하나 더 가지고 있다는 것을 인정하고 살아야 합니다. 사람마다 기능이 다르듯이 자신의 적성에 맞는 고유의 스타일이 있는 법입니다. 그것을 개발하고 자신의 것으로 만들어 나가는 것이 소위 숙달되는 과정이고 안전을 도모하는 길이라고 생각하면 됩니다.

셋째, '적당히'라는 말이 용납되지 않습니다. 이제 넘어졌다 하면 끝장이라 생각합니다. 넘어져서 생긴 상처로 자전거 안장 위로 올라탈 수가 없다는 것으로만 문제가 해결되는 것이 아닙니다. 옛날 같으면 상처 난 부위를 흙으로 지혈시키면 상처가 나았던 젊었던 시대가 있었지만 이제는 조그마한 상처라도 생기면 아물지도 않고 붙지도 않아 재생과 재활이 되지 않는 나이라 어쩔 수 없이 시들시들하다가 그쯤에서 생을 마감해야 된다는 각박한 나이임을 알아야 된다는 테스 형의 말을 귀담아 들어야 합니다.

저는 자전거 탄 거리만큼이나 크고 작은 사고를 여러 번 당했습니다. 당한 것이 아니고 사고를 쳤습니다. 지금까지도 그 후유증에 불편한 몸으로 자전거로 겨우 지탱해 나가고 있지만 그 버릇 아직까지 개도 못 주고 가지고 있습니다.

　사고의 원인을 분석하자면 하나같이 전체가 자신의 태만과 자제력 부족이었습니다. 아마 그 버릇을 관 속에까지 가지고 갈 것 같습니다.

　돈키호테가 말한 것처럼 "미쳐 있어야 살고 정신이 들만 하면 죽는다."라는 말과 같이 무지한 마음으로 이제까지 살아온 것이, 어떤 의미로 좋은 쪽으로 이해한다면 기적의 연속선상의 혜택으로 살아왔다는 생각이 들어 이제부터라도 거친 숨소리는 안 내도록 자제하고 그 대신에 고르고 평안하면서도 길게 들숨 날숨을 리듬 맞춰 숨 쉬는 방법을 배워야 하겠습니다.

　그레야만 자전거 안장 위에서 바라보는 저녁 노을을 더 아름답게 느낄 수 있고 그 시간도 더 길게 가지게 됨으로써 이러한 여행(旅行)을 여행(餘幸)으로 만들어가는 과정이 되리라 봅니다.

제5장

길거리에서의 만찬

길거리에서 먹는 성찬이지만 어느 누구에게 구걸하고 동냥으로 받은 음식이 아니었습니다. 장소만 길거리라는 것이 다를 뿐 훌륭한 한끼의 식사가 되며 거침없이 진행할 수 있는 에너지 공급원이 되었습니다.

이곳에서는 서민들의 아침식사는 노점에서 해결하는 것이 보편적인 것 같습니다. 일반 가정에서도 비닐봉지에 끓은 죽을 담아가서 이용하는 사람이 많은가 봅니다. 그러한 관계로 아침이면 줄을 서서 대기하여 음식을 받아가는 사람이 많은 것 같습니다.

죽 그릇에도 죽 그릇 인심이 있는가 봅니다. 덕암 님은 바쁜데 도움을 드린다는 뜻에서 그곳에서도 대장 노릇한다고 직접 죽 그릇에 담아주었습니다. 담아주는 죽 국자가 좀 더 넉넉하게 보여 덕암 님 쪽으로 줄 서는 사람이 많아 여기에서도 줄 서기가 있어 줄을 알아서 잘 서야 했습니다. 죽 그릇에 담긴 양이 죽 그릇의 인심 같아 이 줄에 그릇을 대고 받아가는 사람이 더 많았습니다. 죽 그릇에도 죽 그릇 인심이 있다는 말이 확실한가 봅니다.

보기에는 죽 색깔이 팥죽 색깔과 비슷하여 맛이 다른 줄 알았더니 우리나라 흰죽과 같았습니다. 그 죽 한 그릇에 속에 아무것도 들어 있지 않은 솜뭉치 같은 빵 한 조각으로 훌륭한 아침을 대신하였습니다.

간편한 식사라 하지만 점심까지 이곳에서 해결할 수 있는 여유를 가졌습니다. 운반하기 쉽고 보관하기 쉬운 마른 빵을 자전거 짐 보따리에 적당히 간수하면 지나는 길가 적당한 장소에서 우유 몇 병으로 점심까지 해결할 수도 있어 우리 자전거 일행에게는 최고의 식사였습니다.

아침, 점심 두 끼의 식사값이 한국의 한 끼 값의 반의 반 값이 되었습니다. 당뇨식으로 어느 훌륭한 식단보다 처방받은 영양식으로 저에게는 맞춤 식사가 되었습니다. 어느 누구에게는 훌륭한 다이어트 식사가 되었고 모두에게는 독소가 배어 찌든 체내를 정화시키는 계기가 되리라 봅니다.

그런 기대를 하여도 될 듯 싶습니다. 자연 그대로의 자연식이었습니다. 아무것도 넣지 않고 천연 소금으로만 간을 맞춘 통밀로된 푹 끓인 흰죽은 몸 안에 들어가면 바로 에너지로 직행할 것 같았습니다. 에너지로 소화될 때 몸속에 찌든 때와 독소를 함께 몸 밖으로 배출할 것 같아

마음 놓고 넉넉하게 먹는다고 덕암 대장 앞에 그릇을 내밀었습니다.

정상적인 사람도 몸을 다스리기 위해 정기적으로 물리적인 클리닉으로 건강을 유지하기 위한 방법을 찾는다는데 우리들은 자전거 여행을 통하여 자연적으로 운동하게 되어 별도의 클리닉 없이 몸의 형태를 원상태로 회복하게 하였습니다.

돈 들여서 힘들게 하는 독소 제거가 아니고 자전거로 운동하면서 보고 즐기면서 하는 여행을 통하여 얻어지는 부수적인 효과라 생각하면 이 여행의 또 다른 것으로 한몫을 한 것 같습니다

연암 선생과 그 일행들도 이렇게라도 세 끼를 챙기고 다녔는지 모르겠습니다. 조선에서는 가는 곳마다 역관이 있어 이런 고초를 겪지 않아도 되었겠지만 이곳 낯선 곳에 와서는 이런 형태의 식사라도 하지 못했을 때도 있을 걸로 봅니다. 그때는 이런 편의식이 없어 괴나리봇짐에 주먹밥을 삼베 보자기에 싸서 끼니를 해결하였으리라 생각합니다.

우리 대원들 중에 이런 형태로 여행하는 것에 불만을 가진 사람이 있었다면 마음 약한 덕암 님이 이렇게 이끌어가지 못하였으리라 봅니다.

이 여행에 참가한 다수의 대원들은 이렇게 하는 것이 자전거 여행의 기본인 줄 알고 군말 없이 잘 따라주어 고마웠습니다.

하기야 첫 경험으로 참가하는 대원이 다수라 이런 것이 보편적이고 기본으로 알고 있다면 처음부터 고난도의 기술을 가르쳐주는 것 같아 걱정스럽기도 합니다. 차후 어느 여행팀에 합류하여 그 팀에서도 이런 형태가 보편적인 것으로 알고 시행하려고 들다 보면은 그때는 그대로 답습될 수 있을까 조심스럽습니다.

어떤 대원은 아주 한술 더 떠서 남의 처마밑이든 길바닥이든 아주 편안하게 터를 잡고 전을 차립니다. 하는 싹수를 보니 장래가 촉망되었습니다.

자전거 고장이란 시도 때도 없이, 예고도 없이 나는 것이지만 기왕에
고장이 날 바엔 이런 그늘에서 나면 좋겠습니다. 넘어진 김에 쉬어 간
다고 오늘 고장으로 득템한 것 같습니다. 앞에는 맑은 물이 흐르고 뒤
에는 잔디가 고르게 깔려 있으면서 적당히 그늘을 만들어주는 나무가
있어 텐트 치기에는 딱이었습니다.

자전거란 인류가 만든 가장 아름답고, 기하학적으로 봐도 인체의 구
조와 역학관계가 가장 정밀하게 연결되는 첨단 과학의 집합체인 것 같
습니다. 소재부터 제작까지 최첨단이었습니다. 인장 강도는 비행기 소
재보다 더 첨단인 티타늄, 카본, 알미늄 합금과 같은 주재료를 사용하

였고 자전거 타고 가면서도 인공위성을 통하여 정보를 주고 받을 수 있는 IT의 결정체를 장착할 수 있으며 문화예술면에서도 마음만 먹으면 항상 즐길 수 있는 문화의 이기로 이용할 수 있었습니다.

그래도 가끔은 쉬어 가라고 이렇게 심술을 부리며 가벼운 고장도 발생하게 하여 자기의 존재감을 알리나 봅니다. 그런 자전거의 투정도 애교로 받아들여 이렇게 쉬어가는 시간도 얻게 됩니다. 그런 점에 대해 걱정은 하지 않아도 된다는 것은 나 같은 사람도 아무 걱정 없이 탄다는 것이 표본입니다. 동력 전달장치와 제어장치, 타이어 펑크뿐이니까요.

우리같이 자전거 타는 것이 생활화되어 자전거를 혹사시키듯 타는 사람이라도 6개월에 한 번씩 점검만 받으면 모든 문제가 해결됩니다. 점검 이전에 아주 새 것으로 교환한다 해도 껌값으로 교체 가능합니다.

타이어 펑크는 예측할 수 없지만 요즘에는 펑크 나지 않는 타이어도 있다 하니 눈여겨볼 만합니다. 이상으로 자전거 관리에 대한 걱정은 뚝입니다.

어떤 때는 단체로 운동할 때 누가 펑크라도 났으면 하고 기다릴 때도 있습니다. 이번 여행 한 사람 평균 주행거리를 2,000km로 봤을 때 주행한 거리를 합산하면 아홉 사람이니 18,000km였습니다.

전체 고장이 펑크 2번이 전부였습니다. 역으로 계산하면 한 사람이 18,000km를 자전거를 탔을 경우 펑크 2번밖에 나지 않는다는 계산이니 평소에 자전거 관리만 철저히 하면 자전거 고장으로부터 오는 피해는 완전 해방된다는 것입니다.

제6장

세간 살이 장만에 관하여

자전거 여행에 따르는 모든 비품은 자전거 여행하는 사람에게는 일상적으로 비품화되어 있어 살림살이라고 표현하였습니다. 그러한 관점에서 몇 가지로 나누어 생각하기로 합니다. 저에게 자전거 여행을 몇 번 다니다 보니 자전거 여행에 따른 장비 관계에 대해 묻는 사람이 몇 번 있었습니다. 그때 별 도움되는 이야기를 해줄 수 없었던 적이 있어 자전거 여행에 따른 장비 관계에 관하여 정리할 기회라 생각하고 몇 가지 나누어서 생각해 봤습니다.

사람마다 성장해온 과정과 살아가는 기준이 다 다를 수 있다고 생각되니 여기 기술한 것은 저에게만 국한된 소견임을 밝혀둡니다.

나는 가끔은 비박 여행에 함께한 동료들이 준비해온 세간살이를 볼 때마다 한편 부럽고 한편 아깝다는 생각을 할 때가 있어 제가 장만한 장비와 견주어볼 때가 있습니다. 여기 기록된 장비는 물건 하나하나 장만

만리장성을 넘다

할 때마다 그래서 그 물건이 그렇게 쓰여질 것이야 하면서 물건 하나하나에 대한 의미를 부여하고 그 물건이 가지고 있는 용도에 맞는 특성을 대견하고 고맙게 느끼면서 소중히 간직하고 사용하는 편입니다. 자기변명 같지만 이 정도의 물건이라면 나에게 딱 맞는 품격과 기능이라고 생각하여 곳간을 열어 보이겠습니다.

자전거

자전거를 타고 다니다 보면 자전거를 세워두고 볼일를 볼 때가 더러 있습니다. 용변을 본다든가 때가 되면 식사를 할 때가 있습니다. 어떤 이들은 비싼 자전거라 눈앞에 있어야 안심하고 밥을 먹을 수 있다고 합니다. 그런 분들은 음식물의 맛을 느끼면서 먹고 있는지, 소화는 제대로 시킬 수 있는지 어떻게 보면 자건거를 타는 것이 아니고 자전거를 모시고 다니는 것 같았습니다.

자전거의 좋고 나쁜 척도를 자전거 무게에 두는 것 같습니다. 가벼우면 뭐 합니까. 기록 경기하는 것도 아닌데. 1~2kg 가볍다고 1천만 원 이상 투자하는 사람은 이해가 가지 않습니다.

1) 작은놈(해외오지 탐험용)

참고로 저의 자전거는 50만 원짜리 몸체에 부착된 가방 안전장구까지 전부 합쳐 70~80만 원 되리라 봅니다. 몸집이 작아서 어디에라도 적재할 수 있어 해외 여행에 몸값은 벌써 몇 번 했습니다. 작아도 강하다고 20kg의 짐을 싣고서도 두어 달 아무 탈 없이 잘도 견디어 줍니다.

이놈도 제가 아니면 나이로 봐서 벌써 용광로에 들어가야 할 놈인데 이제까지 잘 견뎌 줘서 얼마 남지 않은 나의 여행((餘幸) 기간 동안 함께 갈 것 같았습니다만 요즘 잔병치레를 자주 해서 떠나보낼 때가 되었는 가보다 생각하고 있습니다.

2) 중간놈(해외 오지용)

군용으로 개발되었던 전투용이 변신하여 일반 대중에게 널리 알려진 산악용 자전거입니다. 군용(Hummer bike)인 것만치 가격도 싸고 투박한 것만치 무게가 좀 있는 놈으로 특별한 저 같은 사람만 찾는 물건입니다.

3) 큰놈(해외, 국내용)

하이브리드 형이라 '간에도 붙고 쓸개에도 붙을 수 있어' 로드에도 탁월하고 임도, 싱글에도 잘 적응합니다. 발길질 잘 못한다고 탓하지 않고 묵묵히 제 소임 다하는 백만 원 이쪽 저쪽의 서럽지 않게 대접 받는 명마입니다.

MTB 부속도 쓸 수 있는가 하면 로드용으로도 호환이 되어 어디를 가나 무슨 일을 당해도 급할 것이 없습니다. 다만 탄성이 좋고 수리가 용이하다는 이유 하나로 무게가 1.2kg 더 무거운 단점과 장점을 함께 가진 놈입니다.

텐트

텐트 그 자체는 발열하는 것은 아니라는 생각이 들고 외부 온도를 차단시킨다는 목적만을 가진 것이 아닌가 생각하여 구입한다는 것이 호화주택 사는 셈치고 국산품을 큰마음 먹고 7만 원대를 하나 구입하여 사용해보니 통상적으로 돔형은 높이가 1.2m, 무게가 2kg 정도라 무게도 무게이지만 높이가 바람에 약해 터널형으로 바꿀 계획을 가지고 있습니다. 모 업체에서 온라인으로 소개된 것이 무게는 1.7kg, 높이는 0.9m, 가격은 7만 원대로 구입 가능한 것을 봐 놓은 것이 있는데, 아직은 14,000원 무게가 1.8kg짜리를 구입한 것을 사용하고 있는 실정입니다. 구입하실 분이 있으시면 터널형을 함께 구입하시죠. 택배비는 제가 부담하겠습니다.

침낭

이것이 문제지요. 하루 중 가장 오랜 시간을 접하고 스킨십하는 것이라 구입에 가장 신경 써야 할 부분입니다. 첫째, 보온성, 둘째, 이동성(무게), 셋째, 내구성, 넷째, 솜털, 깃털이라 냄새, 통풍성을 감안하여야 될 줄로 압니다. 물건의 특성상 전용되지 않는 것이라 잘못 구입하면 애물단지가 되기 십상이지요.

저는 동절기(-10도)용으로 구입할까 하다가 여름에 가장 많이 써야 할 계절상품이라 별도로 동절기용으로 구입하지 않고 하절기 깃털, 솜털 비율 2:8, 780g짜리 10만 원에 두 장 구입하여 동절기에는 두 장을 겹쳐서 쓰고 있습니다. 이론상으로는 맞는 것 같은데 실제는 그렇지 않습니다. 하나를 더 관리한다는 것이 불편합니다. 다시 장만한다면 제대로 된 혹한용 솜털로만 된 것을 구입하게 되면 가정용으로도 쓸 수 있습니다. 저는 대안으로 오리털 패딩 바지를 입고 침낭에 잠 들기에는 이런 전런 불편을 하나 더 겪어야 됩니다.

참고로 침낭은 필히 커버가 꼭 필요합니다. 바깥 온도는 텐트와 이너 텐트가 1, 2차 막아 주지만 오물이나 기타 다른 사항(벌레)은 커버에서 걸러주는 것이 좋다는 생각이 들어 별도의 커버를 구입해서 덕을 보고 있습니다. 군용품 취급점에서 야전용으로 쓰는 것 중 통풍도 되면서 방습 효과가 있는 것을 구해서 씁니다.

저는 추위를 많이 타는 체질이라 보온에 각별히 신경 쓰다 보니 침낭에 많은 관심을 가지고 이것 저것 다 써 보았습니다. 핫팩을 구입하여 써보아도 그런대로 제 값어치는 할 수 있었지만 무게가 장난이 아니어서 보온은 물통보다 더 효과적인 것이 없었습니다. 빈 플라스틱 우유통 2리터 용기에 더운물을 넣어 침낭에 넣어두면 편안한 잠자리를 보장받게 됩니다.

기타 용품

자캠에는 자전거와, 텐트, 침낭만 있으면 먹는 것 이외에는 문제 될 것이 없다고 봅니다.

1) 식기류 및 식재료

외국이 아니고 국내인 경우 불편한 것 없이 즉시 해결할 수 있지요. 식기류는 밥그릇이 필요하면 일회용 햇반 한그릇 사서 먹고 밥그릇으로 쓰면 되고 국그릇이 필요하면 왕뚜껑 하나 사서 먹고 국그릇으로 전용하면 되고 숟가락은 가벼운 재질로 된 것만 준비하면 젓가락은 지천에 널려 있으니 걱정할 것 없고 이상과 같이 저는 자캠이라고 해서 별도의 취사도구로는 장비를 구입하지 않고 평소에 제가 살아온 대로 그냥 그대로 홀가분한 마음에서 임하다 보니 자캠은 자연 그대로 실생활의 연장입니다.

자연은 그대로 자연입니다.

이런 살림살이로 준비하여 여행을 거칠 것 없이 잘 진행해 오다가 몇 년 전에 국내 여행 때 흉허물 없이 지내는 후배 한 분이 의자를 하나 장만할 것을 권고한 적이 있었습니다. 권고 받는 자리에서 얼굴 뜨거운 충고를 듣고 많은 것을 생각하게 되었습니다. 충고의 내용은 야외에서 좌담하는 자리라든가 둘러 앉아 식사하는 시간에 편안한 자세로 식사를 하여야 하는데 제가 아무 곳이나 걸터앉아 식사하는 모습을 보니 소위 좌상이란 분이 불편한 자세로 있는데 자신들은 편안한 안락의자에 앉아 있기에 처신하기에 민망함이 있으니 자신들을 편안하게 하여주는 차원에서 의자를 휴대하고 다녔으면 좋겠다는 것이었습니다. 그 말에 왜 그런 점을 진작에 읽지 못했을까 하는 생각에 부끄러움을 느꼈다.

자전거 여행에서 무게에 가장 취약한 저는 조금이라도 모면하는 방법으로 많은 것을 휴대하지 않고 다니며 심지어 물통도 가지고 다니지 않습니다. 물은 라이딩 중에 꼭 휴대하여야 할 생명수같이 귀한 것이지만 가중되는 무게는 피해를 줄 수 있는 필요악이라 생각합니다. 갈증을 참는 고통은 나 혼자 감내가 되지만 물통 무게 때문에 단체 라이딩에서 뒤처지는 피해는 전체에게 주는 것이라 생각하여 휴대하지 않고 물 먹고 쉬는 자리는 항상 자리를 피해 줍니다.

충고해준 후배가 고마웠지요. 그 고마움에 새롭게 장만한다는 것이 자전거 생활에 입문하는 친구에게 득템으로 입문 축하 선물로 하나 더 사고 나도 새롭게 장만했습니다. 전체적인 살림살이를 자평하자면 요즘 새롭게 발달된 새 기능의 제품이 하루가 다르게 전시된다고 하지만 아직까지는 아쉬운 대로 쓸 만은 하고 견딜 만은 하다고 봐서 어떤 의미로 좋게 평해서 검소는 하지만 구두쇠는 아니라고 변명하고 싶습니다.

 사람이 사는 곳에는 위계가 있고 품격이라는 것이 있기 마련인가 봅니다. 소지한 제품이 품격이 뒤떨어진 제품을 쓴다고 해서 사람 자체의 품격조차 떨어져서야 안 된다고 유념하여 이제까지 살아온 습성 대로 그 수준에서 그렇게 사는 사람이니까 그 정도에서 만족하려고 합니다. 단체 생활에 전체에 미치는 품위는 살림살이 비품에만 있는 것이 아니고 내재되어 있는 품격만은 항상 지켜 나갈 것은 유념하면 되리라 봅니다.

 저하고 함께하는 동료들이 내가 소지한 장비가 빈티(貧態)는 나지만 노티(老態)는 나지 않는다는 말을 듣도록 노력하여 당분간은 버티어 나갈 것입니다.

제7부

피서산장
(避暑山莊)

나에게 자전거는

그동안 잘 적응하여 경험이 쌓였다는
움직일 수 없는 증거는
아무것이나 사람이 먹는 것이라면 무엇이든 잘 먹을 수 있고,
아무 곳이나 궁둥이만 닿으면 어디서든 잠잘 수있다는
원초적인 본능에 순응할 수 있다는 것에

음식이 맛이 있다 없다
잠자리가 불편하다 불편하지 않다라는
호사스런 수식어는 자전거를 가까이하고부터는
이미 잊은 지 오래인 것 같습니다.

인간의 한계에 도전하는 것도 아니고
어쩌다가 걸맞지 않게 남이 한다고 주책 없이
아무 생각도 없이 자전거 안장 위에 올랐다가
무식하면 용감하다는 말도 듣게 되었습니다.

때에 따라 용기 있는 무식이 유식을 능가할 때가 있구나
어깨에 힘을 줄 때도 있어서입니다.

2008년 10월 히말라야 다녀와서

제1장

승덕(承德, Changde)

　연암 일행은 청태조의 칠순 하례객으로 압록강을 건너 한 달 여를 넘게 걸어서 북경에 당도하였는데, 황제는 피서산장이 있는 열하에 계신다고 했습니다.

『열하일기』 기록으로 보면 황제의 칠순잔치가 응당 황궁인 북경 자금성에서 행하는 것으로 알고 북경에 도착하고 보니 피서산장으로 오라는 전갈을 받았다고 합니다. 그제야 출발해 행사 시간 안에 도착하려니 4일밖에 남지 않는 시간이었습니다. 일행은 그동안 객고도 풀 여가도 없이 다시 황제가 계신다는 열하로 출발해야 했습니다. 하례 일자를 맞추기 위하여 4일간 밤낮을 가리지 않고 강행군해야만 도착할 수 있었습니다. 기록된 이야기로는 말(馬)들도 쓰러지고 반 수면 상태에서 걸어갔다고 합니다. 피서산장에 가기까지는 250km, 즉 칠백 리 길이 남았는데 시간은 4일밖에 남지 않은 시간에 강행하는 길은 밤에 한숨 잠도 자지 않고 가야만 하는 어려운 일정이었습니다.

청나라와의 관계가 어려운 사이로 사행단 일행이 축제일에 도착하지 못했을 경우 그 허물은 고스란히 사행단의 몫으로 남는 것으로 되어 강행할 수밖에 없었다고 합니다. 어떤 날은 밤중에 강을 5개나 건너야 했고 칠흑 같은 한밤중에 비는 내리고 말(馬)도 두려움에 걸음을 못 떼는 것에 연암 선생은 이렇게 말을 하였다고 합니다.

"외눈밖에 없는 말(馬)을 탄 앞이 보이지 않는 사람이 길 가는 것을 눈이 멀쩡한 사람이 볼 때 그 장님이 두렵지 않게 길을 가는 것을 보고 자기는 눈이 있어 두렵게 생각한다면 차라리 보이지 않는 장님이 되어 외눈의 말을 타고 가는 사람이 되면 두려움이 없어지지 않겠나 하면서 모든 것이 보이기 때문에 생기는 두려움이니 스스로 보이지 않는 장님으로 생각하면 두려움이 없을 것이다."

이러한 행보는 길을 걸어가는 것에만 국한된 것이 아니고 연암이 청국에 와서 자신이 청나라는 오랑캐의 나라라고 잠재의식에서 보여왔던 잘못된 눈은 장님이 되고 새로운 관념의 눈을 가지고 청나라를 다른 시각에서 보자는 그러한 사상의 변화를 말하는 듯하였습니다.

연암은 칠흑 같은 어두운 길 앞에 서 있다는 것은 스스로 청나라를 하나도 모르고 있는 것과 같다는 뜻에서 청국을 새로운 시각으로 다시 보겠다는 의지로 말한 뜻으로 해석하게 됩니다. 그 뜻을 우리들의 삶의 방향도 잘못된 것이 있다고 생각하면 그 순간부터 과거를 잊어버리고 새롭게 시작해야 된다는 뜻으로도 해석할 수 있어 연암의 길 위에 생각한 한 토막의 사상도 이 여행 중에 담아가고자 하는 교훈이라 생각했습니다.

연암 선생은 정규 사절단원이 아니기 때문에 그렇게 급한 행보를 하지 않아도 되었지만 모든 문물이 기이하고 생소하게 보여 그의 행보를 보면 사절단보다 열하에 가고 싶은 마음이 더 앞선 것 같았다고 했습니다.

사임단 단장의 종형과 같이 끝까지 동행하여 열하에 가게 되었다고 했습니다. 연암은 사임단과 별도로 행동할 수 있는 자유로운 몸으로 시종 하나만 데리고 처음 보는 피서산장이고 보니 기이한 것이 많아 사임단과의 목적이 다른 관계로 성문에 들어서자마자 시종에게 먹과 벼루를 준비하라고 하여 피서산장 입구 성곽에 이렇게 기록을 남겼다고 합니다.

고북구산성에 온 연암은 "건륭45년 경자년 8월7일 박지원 여기 다녀가다"라고 쓰고 이 산장의 성곽이 10km나 되는 것을 보고 장성 안에 또 하나의 성곽인 제2의 만리장성이라는 것을 간파하였다고 합니다.

　열하는 장성 밖의 궁벽한 땅인데도 불구하고 황제는 무엇이 아쉬워서 이 변방의 거칠고 황폐한 땅에 와서 기거하는 것일까요? 연암은 단번에 알아차렸습니다. 명목은 '피서'라지만 사실은 황제가 직접 변방을 관리하고 방비하기 위한 조치였다는 것입니다.

　만수원(산장 안에 있는 사냥터)

　만수원의 사냥터는 단지 오락장이 아닌 군사훈련의 연병장이고 군사 기지화함으로써 이곳 장소와 인접에 있는 호전적인 여진, 몽골, 만주족에게 경계심을 가지라는 하나의 군사훈련 시위장으로 보이게 함은 요

즘 우리나라의 주변 해역이나 대만해협, 인도차이나해에서 합동 군사 훈련을 하는 것과 맥을 같이하는 효력을 얻기 위함이 아니었나 생각합니다.

청나라의 대를 이은 황제들이 국가 경영에 탁월한 식견을 가졌는가 봅니다. 세력의 균형이 절묘한 배치였습니다.

동북쪽의 호전적인 기마민족(몽골, 만주, 여진)은 생업이 목축으로 봄부터 풀을 찾아 남하하는 관계로 그들을 경계하기 위해서 북경을 떠나 그들과 250km 더 가까이 있는 제2의 황궁을 피서산장으로 군사요충지를 만들어 그들을 직접 관리하였다고 합니다.

서역 쪽은 그 나라의 문화와 종교를 받아들인다는 불당을 짓고 라사(La sa)를 옮겨온 것 같은 시설로 동질성을 과시한 유화정책으로 접근하여 국경을 관리하였다고 합니다.

포탈라 궁(라사에 있는 포탈라궁을 모방한 제2의 포탈라궁)

서역 쪽은 라마 불교를 신봉한다는 뜻에서 성대한 티벳 불교를 국교화한다는 정도로 깊은 관심과 포교 활동에 전적으로 지원하여 라사에 있는 포탈라궁을 모방해서 이곳에서도 소포탈라궁을 지어 종교적인 신념으로 결집하여 판첸 라마가 황금지붕으로 지은 사원에서 은거할 수 있도록 배려한 것은 사실상 지도자인 달라이 라마를 인치연금한 것 같은 효과를 가지게 하여 서역 쪽을 통치하였다고 합니다.

한편 황제는 서번(티벳)의 승황을 스승으로 삼아 황금 전각을 지어서 거기에 왕으로 좌정시키고 있습니다. 면목은 스승으로 모시면서 실상은 황금 전각 속에 인질로 가두는 효과를 두어 평안한 화친 관계를 유지하여 나라가 무사하기를 바라는 것입니다. 그러한 의미로 본다면 서번이 몽골보다도 더 우려스러운 나라로 지목된 것 같습니다.

승덕에 도착하고 보니 시내에 공자묘, 관운묘, 청진사 등이 있었고 성벽의 길이가 10km, 성벽 밖에는 8개의 티벳사원과 목조건물로 지어진 보령사, 높이 36m나 되는 관음사, 시 주변에는 청대를 대표하는 불교사원이 있었고 불상이나 불교문화제가 많이 산재되어 있는 것은 티벳 라마교의 영향이 있었기 때문이라고 합니다.

길상법회장 (판첸 라마에게 예를 한 장소)

황제는 배려심이 지나치게 깊어서인지 동서 문물을 받아들이는 유화정책으로 라마교를 숭상한다는 의미로 우리 사신들에게도 왕사로 모시는 판첸 라마를 향한 예를 갖춘 문안을 강요했습니다. 그러나 우리 사

신들은 병자호란 때 수모를 당했던 것을 잊을 수 없었고 더군다나 제3
국인 티벳트 이단자에게 허리를 굽힐 수 없다 하여 참배하는 것을 거절
하고자 하였습니다. 그러나 거절하였다가는 조선으로 돌아갈 수 없는
수모를 당할 것이고, 그렇다고 황제의 명에 따라 순응해 머리를 숙였다
면 귀국해서 국시인 유교를 버렸다는 유림의 비판을 면할 수 없을 터였
습니다. 이러한 진퇴양난이지만 우선 어쩔 수 없이 판첸 라마에게 인사
를 올리고 그 자리를 피했다고 합니다. 그 자리에 연암 선생은 아무 거
리낌 없이 이교도인과 합석하였다고 합니다. 사신들과 달리 종교를 떠
나서 이념의 갈등을 그때부터 가지지 않았는가 봅니다.

황제가 우리 사절단에게 행한 행동은 국가 대 국가 간의 사절로 간 대
표에게 이런 것을 강요한다는 것은 군신 관계가 아니면 할 수 없는 처사
라는 생각이 들었고 이 때에 이곳에 방문한 연암은 이러한 처우를 어떻
게 생각하였는지 궁금하였습니다.

『열하일기』속에 그런 사실을 여과없이 받아들였다는 것을 유감스럽게 생각합니다. 그리고 그보다 더한 것은 이곳에 고구려 후손들의 집성촌과 병자호란 때에 끌려온 전쟁 포로에 대한 이야기가『열하일기』속에 깊이 있게 언급되지 않았다는 것이 더욱 큰 아쉬움이고 이해가 되지 않는 부분입니다.

저는 사학자도 아니고 인문학을 하는 사상가도 아닙니다. 단지 자전거를 타고 다니면서 그때 있었던 이야기를 주워담으면서 구경하는 단순한 관광객의 시각으로 보는 것이 전부였던 자전거로 여행하는 사람입니다. 이곳에 올 때는『열하일기』내용에 별 관심도 없었고, 다만 만리장성의 첫머리를 본다는 것 외에는 관심 밖이었습니다. 만리장성의 시작점인 노룡두에서 만리장성의 끝 지점인 가욕관까지 여행자의 시각으로 만리장성 주변을 보는 것에 만족을 찾는 데 목적이 있었기 때문입니다.

여행 후에야『열하일기』에 관한 수십 종의 역사적인 사료와 다녀오신 분들이 기록한 여행기와 다큐로 제작된 영상물도 볼 수 있었습니다. 그 알량한 사상가이고 지식인이라는 사람들이 논한 사상집이나 알려진 기고문에는 전쟁의 포로로 잡혀서 노예로 갔던 우리 동포들이 조국을 등지고 타국에서 피나게 살았던 삶의 발자취를 전제로 한 내용이 있는 글은 나와 같은 여행자의 눈으로도, 접할 수 있는 정보지에서도 찾아볼 수 없었습니다.

하북성 쪽이나 심양 서탑 근교에 살고 있는 조선족이 조국에 배신당하고 서러움 속에서 겨우 자리 잡아 목숨을 부지하고 살아오는 집단촌에 조선의 사절단이나 관료들이 방문하였을 때 처음에는 이곳에 살고 있는 주민들은 조국에서 방문한 것이 반가워서 모든 정성을 다하여 내 부모 내 형제처럼 환영하였는데 이곳에 방문한 조선의 관리들은 마땅히 대접받는 사람으로 군림하려는 자세에 환멸을 느껴 조선족이라면 뒤통수에 대고 소금을 뿌렸다고 합니다.

조국에서 배신당하고 타국에서 이민족으로 천대받는 수난을 당하고 살아가는 우리 민족의 애환을 담은 글은 전혀 없고 본질을 벗어난 남의 글만 자랑스럽게 쓰여졌던 것입니다. 정작 써야 할 우리 민족의 수난에 관한 이야기란 노예로 끌려와서 어디에서 살고 있다는 정도의 글이 전부였습니다.

우리 민족 후손들의 삶 속에는 우리의 숨소리가 있고 뛰는 맥박이 있고 흐르는 핏줄기가 아직까지 이어져 오고 있는데 그에 대한 언급은 무엇이 부담스러웠는지 『열하일기』라는 명작품에는 언급이 없습니다. 헛기침 소리라도 제대로 울림이 있는 글자 몇 자라도 있었으면 하는 아쉬움입니다.

후일에 다녀와서 『열하일기』라고 한 책의 이름이 이곳 열하여서 뜨거운 강물이 흐르지도 않는데 책 제목을 '열하'라고 한 것은 관심을 끌기 위한 방편이 아닌가 생각합니다.

한편으로는 실제 청나라 시대에는 열하청(熱河廳)이라는 이름은 있었고 다음에 승덕부라 이름이 바뀌어 불리워졌다 하여도 책 제목을 '열하'라고 짓지 말아야 했습니다. 있지도 않는 '열하'라고 이름지워 지나친 관심 때문에 금서를 당하게 된 원인도 되지 않았나 생각합니다.

여행단 일지와 관련된 사료에 의하면 연암이 '열하'라는 지명에는 발걸음도 하지 않았다고 합니다.

우리 사임단이 판첸 라마에게 예를 다하여 인사한 것으로 끝났으면 좋았겠지만 덤으로 피할 수 없는 것을 하나 더 받게 되었습니다. 판첸 라마가 인사 받는 자리에 답례품으로 불상을 하나 우리 사임단에게 선물로 주게 되었습니다. 조선 조정에서는 사절단이 그냥 다녀왔다고 해도 곱지 않은 시선을 받을 터인데 불상을 가지고 왔다면 이는 피할 수 없는 변고를 당할 것이 뻔한 일이라 귀로에 불상을 묘향사 사찰에 두고 갔다고 합니다.

이 일은 뒤에 후유증이 없었지만 사절단보다 150년 전 병자호란 있기 전 해에 조선에서 청나라에 간 사절단 라덕헌 일행이 청나라 황제 홍타이지가 조선 왕에게 전하는 칙서를 차마 그대로 왕에게 전할 수 없어 평양 근교에서 버리고 입국하였다고 합니다. 그렇게 처신하였는데도 불구하고 사절단 일행이 청나라 황제에게 무릎 꿇었다고 친명 배청하는 남인들의 상소로 그 일행들이 평양으로 귀양 가게 되었지만 만약 청나라 황제의 조서를 그대로 전하였다면 그때 상황으로 사절단은 더 가혹한 처벌을 받았으리라 생각합니다.

그런 사항을 빌미로 청나라는 그 이듬해 병자호란을 일으키게 되었고 전후의 그런 사정을 알게 된 조정에서는 그때 귀양 갔던 라덕헌 일행에게 사면하여 복권하였다고 합니다. 자기들은 집권세력(남인)들과 왕도 삼궤구고두로 맨땅에 머리를 대고 세 번 절하고 아홉 번 머리를 조아리는 수모를 당하였으면서 지난 날에 사절단으로 간 라덕헌 일행은 머리를 세 번 숙였다고 귀양 보냈던 것은 어떻게 해석할까요.

제2장

피서산장

하북성 승덕시(承德市)에 소재하는 현존 중국 최대 황
가 정원으로 청(淸) 황제의 여름 궁전이었으며 소주의
졸정원 및 유원과 베이징 이화원과 더불어 사대명원의
하나이며 러허행궁(열하행궁) 또는 청더이궁(승덕이궁)으로 불립니다.
피서산장은 120여 채의 건축물로 구성되었으며 총 면적은 자금성의 8
배의 크기라 그 규모와 크기가 상상도 할 수 없고 마치 큰 도시를 옮겨
놓은 것 같았습니다.

산장의 경내를 다 둘러보기 위해 걸어서 다니기에는 많은 시간이 소
요될 것 같았습니다. 경내는 자전거를 휴대할 수 없다 하여 걸어서 건
물의 입구에서 끝 지점까지 통과하는 데만 2시간이 소요되었습니다.

피서산장은 강희(康熙) 42년(1703)에 건축을 시작하여 강희(康熙), 옹

정(雍正), 건륭(乾隆) 3대 황제를 거쳐 건축하였는데 짓는 시간만 89년이 걸려 1792년 비로소 완공을 보게 되었으며 또한 궁 주위에 시짱, 신장, 몽골 라마교(喇嘛教) 사원의 형식으로 건축한 12개의 건축물이 있었습니다.

피서산장은 소수민족을 달래며 끌어안으려는 중국 황실의 겸허한 의지를 보여주려는 소박한 멋이 있어 자금성과는 달랐습니다. 자금성은 중앙집권적인 위엄을 갖추기 위한 웅장하고 화려한 것으로 표현하려고 한 것에 비해 이곳 피서산장은 한걸음 앞서 소수민족과 유대를 가지려는 뜻을 보이려는 것은 청(清) 전반기의 많은 정치, 군사 및 외교 등 국가 대사를 이곳에서 처리하여 베이징에 이어 제2 정치 중심지가 되어 사용하여 왔다고 합니다.

황제들의 연회장소와 피서지로 이용한 목적 이외에 제2의 만리장성의 효과를 누리기 위함도 있었다고 보여집니다. 북방에 호전적인 여진, 말갈족과 몽골족의 끊임없는 외침을 방지하고 그들과 유화책으로 그 나라의 문물을 받아들이고 그 민족이 숭앙하는 종교도 받아들인다는 뜻에서 사원도 이곳에 건축되어 있었습니다.

피서산장 입구에 나란히 통치권 안에 있는 나라들의 현판이 걸려 있었습니다. 몇 개의 전각을 통하여 연회장소인 황궁에 도착할 수 있었습니다. 여전문에는 5개 국어로 된 편액이 붙어 있었습니다. 몽골어, 한국어, 티벳트어, 위구르어, 만주어 등 그 시대 청나라의 국위를 선양하고 중앙아시아의 중심 국가의 위용을 입구에서부터 느낄 수 있었습니다.

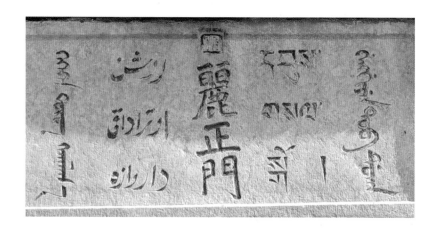

황제만이 다닐 수 있는 길이 별도로 있었고 각국에서 온 사절단의 독립된 공간이 있었다고 합니다. 이런 시설 각 나라마다의 고유한 건축양식으로 만든 독립공간을 둔다는 것은 넓은 피서산장이니까 가능하였다고 봅니다.

5개 국어로 된 현판은 그 나라를 환영하고 응대한다는 좋은 의미로

세워져 있는 것이지만 속뜻은 자국에 소속되어 있다는 뜻으로 해석할
수 있었습니다.

세계문화유산 피서산장의 출입문 여정문 전경

피서산장의 사자상을 지나 정문격인 여정문을 통과하면 궁전구로 들
어서게 되는데 이 사자상은 일본의 침략을 당했던 시절 일본군이 청동
사자를 일본으로 옮겨가려고 하다가 실패했다는 이야기가 전해지고 있
습니다.

운반하려고 하여도 꿈쩍도 안 해 나중에 알고 보니 땅속으로 양쪽 청
동사자와 정문 기둥이 연결되어 가져가지 못하였다고 합니다. 이러한
국난을 먼저 예측했던 것으로 이미 알고 있었던 것 같습니다.

용진 님의 삼궤구고두

　사진 속에 노란 형광색 자켓 입은 용진 님이 부끄럼 없이 역사속의 한 인물이 되어 보려고 당시 사절단의 모습을 되새겨본다는 뜻에서 절을 하고 있었습니다.

　아픈 역사를 재조명해 보고자 '삼궤구고두'로 단어도 어려운데 행동은 더 어렵게 사절단이 했던 것처럼 그 길 위에서 그곳에 각처에서 온 관광객들이 보고 있는 현장에서 아무 거리낌 없이 3번 절하고 9번 고개를 조아리는 행동을 보여주셨습니다.

　30년 동안 교육 현장에 계셨던 분이라서 퇴임하였지만 실천하는 교육자의 본모습을 보이겠다고 고개를 숙이는 용진 님의 모습에는 씻을 수 없는 우리들의 아픈 역사의 상처를 일깨우쳐주고 있습니다. 우리 일행들에게는 참다운 교육의 현장이 되어 숙연하게 했습니다.

　세 번 절하는 삼배는 어떻게 미화해서 해석한다 하여도 불교나 유교,

다른 어떤 종교 의식에서도 예를 찾아볼 수 없는 만행이라는 생각이 듭니다. 더군다나 말하기도 어렵고 뜻도 어려운 삼궤구고두란 오랑캐들끼리 하는 못된 행동이지 어느 종교 의식에도 없는 후안무치한 행동이라 생각합니다.

세 번 절하고 아홉 번 고개를 조아리는 행위란 세 번의 절하는 것은 각각의 의미가 있는 것으로 압니다. 그 의미를 유추해 보면 첫 번째는 복종, 두 번째는 믿음과, 세 번째는 실천이라는 충성 서약 같은 것으로 매번 한 번씩 절한 뒤에 다짐한다는 뜻에서 다시 머리를 세 번씩 하여 아홉 번을 하게 한다는 것은 오랑캐들만이 하는 짓이라고 생각합니다.

세 번씩 머리를 더 조아리게 하는 것은 예법이기 전에 굴욕과 치욕을 안겨 주겠다는 것이라는 생각이 들어 하례객에게 만행이라고 생각하지만 그때는 의념의 논리가 아니고 힘의 논리로 보여 다시 한 번 적개감을 느끼게 합니다.

영국의 조지 3세 때(1793년 8월 13일) 영국 왕의 사신으로 온 메카토니가 방문할 때는 삼궤구고두의 예로 하지 않고 무릎만 꿇는 반절로 하기로 합의하여 피서산장 만수원에서 건륭제를 배알하게 하였다 합니다.

황제와 친면하는 자리에 예식에 절차상 삼궤구고두가 전제되어 논의되었다면 그 행위가 국제적으로도 지탄된 만행이라고 알려졌는가 봅니다. 사절단이나 국제간의 교류와 협력으로 만나는 외교적인 의식의 절차라면 화해와 평화가 전제되어야 하는 수평적인 관계여야 했는데 그때는 말한 대로 출신지 답게 오랑캐였는가 봅니다.

메카토니와 그 일행은 국가 간 수교하는 목적으로 영국을 대표해서 사신으로 왔다고 하였습니다. 건륭황제 시대의 중국은 국제간의 교류에 자국에는 부족함이 없고 모든 물자가 풍부하고 정국도 안정되어 외래의 문화를 받아들일 이유가 없다 하여 자만심으로 통상도 거절하였다고 합니다.

그때 영국 사신들은 추방당하다시피 냉대받고 돌아가는 길에 중국 정부의 내정을 살펴보고 중국 시장을 개척하려는 계획을 세웠다고 합니다. 엄격히 말해서 그때부터 아편전쟁이 시작되었다고 봅니다.

중국이 영국에서 물품을 수입하는 것은 시계와 은제품 등 소수였지만 영국에서는 차(茶)와 도자기를 대량으로 수입하게 되어 무역 역조가 심각하여 이를 개선하고자 노력하였으나 당시 17세기 말엽부터 청나라에서는 영국의 물품을 수입할 것이 없으니 중국 쪽에서는 영국에게 물품을 강매하지는 않는다는 뜻으로만 일관하게 되어 이것이 빌미가 되어 영국 정부에서는 식민지인 인도에서 아편을 재배하여 삼각무역으로 중국에 배포하여 아편전쟁이라는 전란을 겪은 원인이 되었습니다.

중국 쪽에서는 한때의 자만으로 크나큰 대가를 치르고 아편전쟁으로 인하여 굴욕적인 난징조약을 맺게 되어 이를 바탕으로 한 세기 동안 홍콩과 상해는 지배을 당하여 왔던 것입니다. 현재까지도 홍콩, 상해가 자국이지만 자국의 통치를 할 수 없는 후유증을 안고 있는 경제 특구 역활을 하고 있는 것 같습니다.

그때 서양 문물을 받아들인 홍콩과 상해가 오늘날의 중국 발전의 창구가 되었다고 하겠지만 그때 그런 전란을 겪게 되지 않았다면 중국이 세계에서 어떤 위상으로 군림할까 하는 생각도 가져봅니다. 우리나라의 흥선대원군 시절 쇄국정책으로 아픈 국난을 겪은 것과 맥을 같이한 것으로 봐집니다.

건륭황제의 기마도

연회장에 들어가기 전 입구 복도에 걸려 있는 초상화와 기마도를 보고 연암 선생은 놀랐다고 합니다. 작품의 완성도보다 그림에 쓰여진 소재를 보고 신기하게 보았다고 합니다. 그때부터 벌써 청나라는 유화로 그림이 그려졌는데 이것은 외래 문물을 받아들인 개방정책으로 보게 된 것입니다. 그 시절에는 선교사들이 기계 문명과 함께 이런 예술분야까지 자질을 갖추고 파견되어 이를 매개로 포교활동한 것이라 합니다.

연암 박지원 선생은 사신 일행들과 청나라에 왕래하는 모든 사람들에게 청나라에 대하여 다음 내용을 경계해야 된다고 하였습니다.

첫 번째는 조선의 글은 중국의 한자를 빌려 쓰고 있는 입장에서 남의 글을 잘 썼느니 못 썼느니 하면서 자기 글이 제일 잘난 척하면서 오히려 가르치려 하는 것은 안하무인격이라 하였습니다.

두 번째 청나라가 하는 모든 행동과 문화는 오랑캐의 못된 행동이라고 근거 없이 폄하하면서 자기의 행동만 정당화하려는 마음은 자기를 위하는 것만큼 남을 인정하지 못하는 편협한 마음이라고 했습니다. 자기 나라의 군주를 위한다면 타국의 군주도 위함은 일반적인 예의임에도 타국의 군주를 위하는 행동은 비굴하고 굴욕적인 행동이라고 비판한다는 점이었습니다.

전시된 황제의 기마도, 초상화 그림은 필사본이 아니고 원본이라 합니다. 240년이 지난 이 시점에서도 그림의 색감이 변색이나 훼손되지 않았다는 것은 벌써 그 시절부터 완벽한 화풍으로 작품 할동을 할 수 있었다는 것으로 보여집니다.

제3장

열하(熱河)

열하(은호연지)의 물은 뜨겁지 않았습니다. 확실하게 보이려고 여러
관광객이 보는 가운데 열하에 발을 담가보았습니다. 뜨거운 물이기를

기대하였으나 일반 강물과 다름이 없었습니다. 유속은 없었으나 담수도 아니어서 연꽃 피우기에 좋은 환경이었습니다.

연꽃 속에서 추는 무희들의 춤 솜씨는 관광객들의 눈요기가 확실히 되었습니다. 배 위와 뱃머리에 한 사람씩, 선미에 한 사람 무희가 연꽃 위에 나풀대는 나비 모양으로 춤을 추고 있었고 악사들은 중간에서 그 율동에 맞춘 악기로 연주하고 있었습니다. 이 '열하'의 강 줄기에 이런 유람선이 5척이 고정 배치되어 지나다니는 관람객에게 춤과 노래를 보여주는 역할만 하는 것 같았습니다.

가장 가깝게 떠 있는 배로 가서 흘러나오는 노래에 맞춰 춤을 추는 모습을 촬영하고 싶었지만 제가 있는 위치에서는 음악이 잘 들리지 않았습니다. 현장 음에 맞춘 춤의 동작을 촬영하기에 거리가 있어 현지 음악은 담을 수 없는 것이 흠이 되었습니다.

현장음 없이 무음으로 춤 사위를 카메라로 동영상으로 녹화 중 중국 관광객이 핸드폰으로 듣는 음악이 춤의 율동과 분위기가 비슷하여 핸

드폰 주인에게 춤 동작에 맞춘 음악으로 들릴 수 있게 핸드폰을 제가 받아서 춤의 동작과 맞춰보니 그런대로 그 나물에 그 밥이 되어 밥이 잘 비벼졌는 것 같아 폰 주인이 더 좋아하는 눈치였습니다.

이렇게 춤 동작에 맞춘

음악으로 녹화할 수 있었습니다. 결과는 한·중 합작으로 만든 뮤직비디오가 되었습니다. 후일에 편집한 것으로 제가 방송해보니 그 음악의 무희가 오랫동안 연습하여 맞춘 동작과 같이 보여졌습니다.

이 열하의 물길 따라 200m 상류 지점에 걸어서 10분이면 돌로 된 열하라는 안내판이 있다고 하면서 함께 가기로 청하였지만 나는 피곤하다는 핑계로 그곳에 가지 않았습니다. 동료들이 돌아와서 사진을 교환하는 자리에 열하의 안내판으로 된 사진이 없어 그때 동행하지 않았던 것이 후회스럽습니다.

요염하게 춤추는 무희의 모습에 홀딱 빠져서 그것에 눈길을 주느라고 가지 않았는가 봅니다. 하물며 연암 선생도 여기까지 왔지만 열하까지 가지 않았다고 합니다. 저는 그래도 열하에 발이라도 담가봤으니 그쯤에서 변명이 되겠지요.

월색강성

달은 동산 위에서 떠서 투우처럼 배회하고 백로는 강을 가로지르고 물빛은 하늘에 닿는다"에서 따온 문전 다섯 개의 기둥에는 황제의 어필로 '월색강성'이라 쓴 글씨가 있는데 이는 건륭 36경 중의 제12경에 속합니다. 강가에 수십 채의 수심사가 있어 수심사 건물의 현판을 촬영한 사진입니다. 1709년 강희 48년에 강희제가 수심사라 이름을 지었다고 합니다. 수심사(水心榭)에서 사(榭)란 대지 위의 집을 가리키며 수심사는 물속 축대 위에 건축한 건물을 뜻한다고 합니다.

월색강성이라는 편액은 강물에 떠 있는 무희들이 춤추는 것과는 무관하지 않을 것으로 알고 무턱대고 찍어와서 이곳에 옮겨놓습니다.

月色江声

Moonlight and Gurgling Water

建于康熙四十三年(1704年)，取自苏轼《赤壁赋》"月出于东山之上，徘徊于斗牛之间，白露横江，水光接天"。门殿五楹，圣祖御题"月色江声"，西南为"冷香亭"，系乾隆三十六景之第十二景。主殿静寄山房，乃皇帝书斋。后殿莹心堂，堂后"湖山罨画"，为静修及下榻之所。倚窗远眺，烟波浩渺，罨映如画。

The Moonlight and Gurgling Water was built in 1704 A.D.,the name of it came from Su Shi's "Red Cliff Song poem" moon rises up from east hill and roam between constellations.The river shrouded by white fog,it's seems connected with the sky." There are five rooms at the gate of the hall,Emperor Kang Xi entitled it as "Moonlight and Gurgling Water" ,to be southwest is "fresh cool fragrance pavilion" ,it is the twelfth scene of the Emperor Qianlong's thirty-six scenes.The main hall is the emperor's study.The Pure Heart Church is at the back of the hall;the room "painting of Lake and Hill" after Church is for the emperor to retreating and resting.Seeing through the window, people would get a beautiful picture-like view of shining lake and the mystery cloud above.

적혀 있는 한문은 좋은 뜻과 아름다운 수식어로 쓰여진 것으로 알고 그 밑의 영문 번역본은 위에 한문을 풀이한 것으로 추측하여 뜻 있는 사람은 해석해서 보시라고 글자를 볼 수 있도록 정성 들여 촬영하여 온 것입니다.

열하천이란 하천의 이름이지 온(溫)과 열(熱)과는 아무 상관도 없다는 것을 알게 되었습니다. 꿈보다 해몽이 좋다는 말을 여기에 비유하겠습니다. 'Moonlight and Gurgling Water' 인공으로 가미한 풍경이라 그때의 황제의 권위를 보는 듯했습니다.

『열하일기』의 연암 선생은 중국 입국할 때부터 오늘까지 모든 사물을 사실 그대로를 보려고 노력하겠다면 이 월하천을 어떻게 보았을까 하는 의문이 들지만 월하일기 원문에 담겨 있는 높은 식견은 가늠이 되지 않았습니다.

피기비평등안야(彼豈非平等眼耶)
저 맹인의 눈이야 말로 진정 평등한 눈으로 보는 것이 아니겠느냐?

라는 말씀을 인용하여 나도 현실 그대로를 바라만 보면 될 것을 굳이 그 시절의 어두웠던 내면과 많은 희생자를 강요한 한 사람의 영욕에 의해 만들어진 이하장, 자금성이나 이곳 피서산장과 같은 것을 겉모양 그대로만을 보면 될 것을 굳이 그 시절에 부역하였던 민초들의 애환을 먼저 보게 되어 슬퍼지는 마음은 호기롭고 너그럽게 다른 관점에서 경이롭게 보시는 분들과 달라 저의 졸렬하고 강퍅한 시선이 부끄럽게 생각됩니다.

이곳 피서산장의 성 안에 있는 128채의 건물도 자금성이나 이화장 등의 중국의 중요 건물의 배치도와 별다르지 않았습니다.

중축대칭(中軸對稱) 형태로 되어 주요 건축물을 남북으로 일직선을 긋고 그 중축선상에 차례대로 배치하면서 동서로 대칭을 맞추어야 한다는 것입니다. 주요 건축물들은 모두 중축선상에 위치하고 있으며 부속 건물들은 양측에 배치하여 이러한 형태는 왕권의 지고무상함과 유아독존의 의미를 나타내게 하여 참여하는 모든 사람에게 이 산장 안에 들어올 때부터 시선을 아래로 두게 만들었습니다. 발길도 누가 제지하지 않았는데도 황제만이 걸어갈 수 있는 길에는 감히 발을 올려놓을 수 없게 하여 건물이 주는 위압감에 질서를 지키게 하였습니다.

입구에 들어섰을 때 양면으로 배치된 부속건물은 연회를 알리는 궁중 악사들이 차지하는 자리가 별도로 마련되어 있고 사절단이 위치하는 자리는 나라마다 별도로 정해져 있어 그 나라마다의 권위를 생각해서 건물의 배치도 화합하고자 하는 건물의 대칭이었습니다.

앞서서 배례하는 붉은 벽돌이 깔린 장소에 각 나라에서 온 사신들이 나라별로 도열하여 양 옆 음악대들이 연주에 맞춰 구령하는 절차에 따라 황제의 그림자도 볼 수 없는 곳에서 몇 개의 문을 거쳐야 하는 곳을 향하여 황제에게 배례를 하고 그 절차가 끝나면 배치된 장소에서 철수하게 되어 사절단의 임무가 끝난다고 합니다. 사절단의 정사와 부사만 황제에게 도착했을 때 얼굴을 볼 수 있었고 나머지 일행들은 황제의 뒤통수도 보지 못하였다고 합니다.

평생괘이지관 무유재열하시(平生詭異之觀 無逾在熱河時)
내 평생 기이하고 괴상한 볼거리를 열하에 있을 때보다 더 많이 본 적은 없다.

연암 선생은 이렇게 말했다고 합니다.

황제 생신 축제로 세계 각국에서 온 사절단(몽골, 티벳(서장), 러시아, 만주)으로 피서산장은 국제적인 축제장으로 변했다고 합니다. 우리 일행만 해도 150필의 말과 80여 명의 사절단원이었지만 각국에서는 더 큰 규모로 그 나라마다의 기이한 물건과 하물며 동물(낙타), 식물까지도 조공물품으로 가져와 동물원을 옮겨놓은 것같이 규모가 대단하였다고 하였습니다. 연암은 서양에서 온 파란 눈과 노랑머리의 사람을 처음으로 만나 보았고 그들이 지참하고 온 물건 중 지구본과 자명종으로 울리는 벽시계을 보고 정신이 혼미하였다고 합니다.

피서산장 건물 안에 있는 수목은 자연림은 아닌가 봅니다. 수령이나 나무의 형태가 질서 정연하게 정립되어 있었습니다. 이하원이나 자금성 원내에 있는 나무는 잘라 자객들의 침범을 미연에 방지하는 옹졸함은 보였지만 이곳은 그렇지는 않았습니다.

양쪽 건물 옆으로 흐르는 강물은 열하에서 발원된 물로 그 물길이 피서산장을 거쳐서 성곽을 통하도록 물길을 만들어 항시 흐르게 하여 군사적인 행동에도 대비하고 소방수 역할을 할 수 있게 하였으며 생활수도 이곳에서 충당하게 한 것 같습니다.

겹겹으로 배치된 성문과 문턱을 넘어야 황제를 배알할 수 있는 장소에 다다르게 되어 있어 이곳에도 전조후침(前朝後寢)으로 일하는 장소와 잠자는 장소를 독립 공간으로 하여 요즘도 중요시하는 개인의 프라이버시를 참조한 것 같습니다. 그때는 수평적인 인권이 존중된 공간이 아니고 상하 관계의 권위의 대칭으로 편제되었으며 각 나라마다의 주거 공간을 그 나라마다의 특별한 건축양식이 가미된 독립 공간으로 영구적인 건물로 건립되어 존속 관계를 영원히 유지하자는 뜻이 내포되었다는 것같이 보여졌습니다.

건축물의 구조나 양식을 세밀하게 관찰하고 의미있게 볼 수 있는 소양을 갖추지 못한 사람이 시간이 많이 소요되는 이런 곳을 관람하기에는 너무 아까운 시간을 허비하는 것 같아서 우리 사신들이 삼괘구고두한 장소의 바닥은 아직까지 붉은 벽돌 그대로의 모양을 유지하고 있는 것만 유심히 보고 나왔습니다.

그냥 지나치고 겉모양만 보고 다녀도 빠져나오는 데 한 시간이 걸렸

습니다. 특별한 테마를 가지고 보지 않는 우리같이 자전거 타고 다니는
사람에게는 이런 볼거리는 그림책이나 만화책을 보는 듯하였습니다.

여행 중에 얻어지는 제한된 시간을 어떻게 유용하게 쓰느냐에 따라
그 여행의 성공 여부가 가늠됨에 잘 알지도 못하는 것에 시간을 투자하
는 것보다 제가 잘할 수 있는 자전거 타기를 더 철저히 하는 것이 보람
이 있을 것 같았습니다. 곤명호 한 바퀴 돌아나오는 길도 예사롭지 않
아 시간도 여유롭지 않아 출발에 앞장섰습니다.

한 · 중 연행로 탑사 연구회(의주대로 답사

조선에서 중국 쪽으로 학술연구로 열하로 갔던 연암 선생의 발걸음과
중국 쪽에서 한국을 방문한 사신들의 발걸음을 연구하려고 온 중국 쪽
방문객과는 의미가 연관이 있는 것으로 알고 비록 반 쪽 38선 이남이지
만 답사팀의 이야기를 적었습니다.

연암 선생이 저술한 연행록을 보고 중국 학회에서는 중국에서 한국으

로 다녔던 사신들이 한국에서 보고 듣는 문물을 중국에 미친 영향을 연구하는 팀이 결성됐습니다.

우리들이 『열하일기』 노정을 따라 중국으로 여행하였다면 반대로 중국 사신들이 한국에서 활동한 사항을 조사하는 과정에 의주대로를 통하여 중국 사신들이 한국에 온 경로를 조사하는 팀이 구성되어 학회를 결성하여 활발한 연구 활동하고 있다고 합니다.

중국 사신을 맞이했던 모화관에서 중국 사신들이 조선 왕궁에 들어오기 전에 먼저 이곳에서 노고를 풀고 입궁하였다고 합니다 오늘날에 모화관을 헐어버리고 그 자리에 독립관을 건립하였다고 합니다.

  임진왜란 때 한밤중에 의주로 피난 가던 선조를 위해 이율곡은 화석
정을 불태우고 불을 밝혔다고 합니다. 이때 율곡 선생이 이런 시를 남
겼다고 합니다.

팔세우시(八歲虞詩)

　　　　　　　　　　　　　　－ 이이(李珥)

　　숲속의 정자에 가을이 이미 깊으니
　　시인의 생각이 한이 없어라
　　먼물은 하늘에 닿아 푸르고
　　서리 맞은 단풍은 햇빛 받아 붉구나
　　산은 외로운 달을 토해내고
　　강은 만리 바람을 머금는다
　　변방 기러기는 어디로 가는가
　　외마디 소리 저녁 구름 속으로 사라진다

독립문 (獨立門)

의주대로 가는 길 입구에 있는 독립문은 애초에 만들어질 때 어느 나라에도 간섭받지 않는다는 뜻으로 독립문으로 이름지어 건립되었습니다. 본래 앞에 주초석 두 개가 서 있는 자리는 원래 영조문이 있던 자리였습니다.

처음에는 영조문이라 불려졌다가 청 태조의 은혜를 받든다는 뜻에서 영은문이라 개칭되어 불려 황제의 칙사나 중국의 사신이 한국에 올 때면 왕세자나 문무백관들이 이 영은문에 도열하여 사신를 맞이하였다고 합니다. 청나라 말기에는 중국 내에서는 조선을 소중국이라고 불렀다고 합니다. 청나라는 만주족과 여진, 몽골의 북방 민족으로 태생되었기 때문에 중국은 모체가 한족으로 건국되었다는 뜻에서 한족인 조선을 소중국이라 불렀다는 것은 이번 중국 쪽 학술팀에서 나온 말입니다.

현재에도 중국에서 한국을 바라보는 시각은 옛날과 변함없이 자기네 영향권에 있는 속국으로 바라보고 이런 학술단이 와서 자료를 수집하고 있다면 한국 쪽에서도 『열하일기』와 같은 사절단의 행로를 조사할 것이 아니라 광개토대왕의 옛 고구려의 영지를 찾는다는 학술단으로 중국을 보는 시각을 가진 연구팀이 활동하였으면 합니다.

독립문은 다른 나라에서는 이런 건축물을 개선문이라든가 승전문으로 불리지만 우리나라는 특별하게 독립문이라 칭함은 얼마나 뼈아픈 고통의 세월에 항쟁의 상징물이라는 것을 알리기 위한 독립문인데 개발이라는 미명으로 한쪽으로 밀려 있어 찾아보기에도 거북한 위치에 있었습니다.

국가에 대한 국민의례를 애국가도 부르지 않고 태극기도 무시하는 위정자들은 애국·충정을 가진 국민의 모습을 독립문과 같이 천시하는 것은 한탄에 앞서 좌절을 느낍니다.

　『열하일기』속 이야기를 찾아 승덕을 방문하는 여행 이야기 마감이 아무 상관도 없는 독립문 건립 이야기로 대미를 장식하게 되었습니다. 금서를 당했던 『열하일기』와 모화관을 헐고 독립문을 세운 의지와 무관하지 않게 본 저의 좁은 소견으로 마감합니다.

제8부

시사회

길위에서 길을 묻다(因果應報; 인과응보)

자전거 안장 위에서 생각해 봅니다.
늘 느끼는 것이지만 뒷바람(順風)일 때는
바람의 영향이 있는지 없는지 모르고 지나다가
앞바람(逆風)일 경우 바람 때문에 힘들다고 바람을 원망합니다.
이게 무슨 경우입니까?

세상사가 그러하듯이 도움을 주는 순할(順風) 때에는
좋을 때인 줄도 모르다가 조금이라도 자기에게 해가 되면
늘 상시적으로 불이익만 받는것 같은 피해의식을 가지는 것은
왜 심뽀인지 모르겠습니다.

아집(我執)으로만 응어리진 허욕 찬 마음에
순풍과 역풍을 구분도 못 하는
못 말리는 늙은이가 되고 보니
최소한 감사하는 마음은 가지지 못하더라도
좋고 나쁨의 구별은 할 수 있어야 되겠다고 생각합니다.

자기에게 특별히 위해가 되지 않는 경우는
모두 순풍(淳風) 때라 생각하면 최소한 인간이 가지는
선악을 구분하는 사리로 판단할 수 있게 되어
아집으로 부어 있는 얼굴이 다소 피어 있는
시간이 생기지 않을까 하는 생각을 가지게 되어
이 또한 자전거 안장 위에서 받은 가르침이라 생각합니다.

뒷바람(順風)일 때는 감사하는 마음을 가지고서 겸손한 마음으로
맞바람(逆風)일 때를 경계하여야 했고 역풍일 때는 순풍일 때
받았던 은혜를 받았으니 받은 것만큼 갚아 나간다는 넉넉한 마음으로
인과응보(因果應報)한다는 생각하면 될 것을
무엇이 그리 어렵다고 생각하는지 모르겠습니다.
받은것만치 갚아 가는 것이 그게 무슨 대수입니까?

- 모든 것이 무(無)인 것을

제1장

귀국길 선상에서

귀로는 갈매기와 동행하였다

언제나 여행을 무사히 마치고 돌아가는 길에는 꼭 무슨 일이 생겼습니다. 옛말 대로 호사다마라 할까요? 이번 『열하일기』 여행도 그 범주를 벗어날 수 없다는 듯이 타의에 의하여 당황스런 경우를 겪게 되니 이번 여행이 너무 매끄럽게 잘 진행되었다고 긴장시키는 의미인지 여행의 뒷맛을 따끔하게 장식해주었습니다.

무슨 이유에선지 모르지만 여행을 진행하였던 덕암 대장님이 여행을 마치고 보니 쓰고 남은 돈이 있다면서, 집에 돌아갈 때 가족들에게 선물 살 때 보태라고 합니다. 적지 않은 돈을 지급 받게 되었습니다. 이 돈이 무슨 돈이냐고 물었더니 배당금이라고 합니다. 무슨 일을 하였다고 성과금을 받는지 모르지만 여행을 잘 무사히 마무리했다고 보너스

로 주는 것으로 고마워했습니다. 어떤 대원은 귀국길 선물 산다고 신바
람 내고 있었습니다.

예약된 귀국선 스케줄 확인 도중 무슨 이유에선지 결항한다는 이야기
를 듣게 되었습니다. 우리가 타고 갈 배가 항해 도중에 화재로 인하여
배가 취항하지 못한다고 했습니다.

그런 점도 이곳 사정을 잘 아는 덕암이었기에 사전에 알게 되어 대처
하게 되었습니다. 귀국하는 다른 선사를 알아본 바 이곳에서 200km 떨
어져 있는 천진항(天津港)에서 인천으로 출발하는 배가 당일에 출항하
는 배는 있다고 했습니다. 다음 날 아침 10시까지 그곳에 도착하여 승
선하여야 출발이 가능하다고 했습니다. 비자도 1개월 마감일이라 여유
시간이 없는데 그곳 항으로 가는데 거리가 200km 떨어진 곳에 있어 시
간상으로 도착하기에는 도저히 불가능하여 그 배를 승선하지 못하면
여러 가지 문제가 파생하게 되고 그 중에 가장 큰 문제는 당일에 연장이
되지 않으면 불법체류자가 되는 것입니다.

마침 중국에서 자랑하는 고속전철이 있다는 낭보를 받아 탑승하게 되

면 도착해서 부두까지 가는 시간을 감안한다면 그 시간 내에 도착은 가능하였지만 자전거가 약 주고 병 주는 격이 되었습니다. 고속전철에 자전거가 동승되지 않는다는 것이었습니다. 이때에 유감없이 발휘하는 손짓 발짓 언어가 소통이 되었는지 그렇지 않으면 되는 것도 없고 안 되는 것도 없는 이곳 사정인지 걱정은 딱이었습니다.

그 덕에 예정에도 없는 한 가지 더 경험하게 되었습니다. 시간당 305km를 가는 고속전철을 타 보는 기회를 가졌지만 어느 누구(덕암 대장)는 땀 흘리는 긴장된 시간이 되었으리라 봅니다.

예약된 선박비를 환불받고 또 다른 선사에서 출항하는 배를 예약하고 곧 떠난다는 고속전철까지 예약해야 하는 번거로움을 이국에서 삽시간에 실행하는 감성식 대장님의 노련한 대처 능력에 감탄했지만 숨막히는 순간순간이었습니다. 어쨌든 비자 만료 시간 안에 배에 올라타고 개인이 추가로 요금 부담 없이 갈매기의 환송까지 받을 수 있었습니다.

우리가 방문한 나라는 『열하일기』의 청나라 문물이었는데 귀국길에는 중화의 발달된 인터넷 문화의 덕을 보게 되었습니다. 훔쳐간 기술이지만 그 혜택을 우리가 톡톡히 누릴 수 있었습니다.

한 자리에서 예약된 선박을 해약하고 환금을 받고 돌아갈 배를 찾아 다시 계약하고 천진항까지 가는 고속전철에 자리 배정까지 받을 수 있었던 것은 문명의 이기라 하겠습니다.

만리장성을 넘다

갈매기의 환송

　자전거 여행은 여객선을 이용하는 것이 항공편이나 육상으로 운송하는 것보다 편리해서 좋았습니다. 특별한 경우를 제외하고 무게의 제한을 받지 않고 도착 즉시 바로 행동으로 옮길 수 있는 기동성이 있어서 좋은점이라 하겠습니다.

　정기여객선이므로 갈매기도 단골이 있는가 봅니다. 먹잇감을 받아 먹는 것이 잘 훈련된 것 같아 친숙하게 잘 받아 먹는데 저만은 외면하는 것 같았습니다.

　새들도 사람을 알아보는가 봅니다. 평소에 사람이 후해야 손님이 붙는다고 이 갈매기조차 사람을 알아봅니다. 인심 좋은 딸기코님에게만 모여드는 원인이 붉 은코와 머리 모양이 새집 모양과 같이 유사해서 그런가 봅니다. 돌아올 배가 화재가 나서 천진에 가서 다른 배를 탔는데 우리 속담에 불난 집에 이사 가서 살면 재수가 좋아 살림이 불과 같이 일어난다고 하니 행운까지 한아름 안고 귀국하였습니다.

제2장

시사회

초청장

일　시 : 2019년 8월 26일 11시

장　소 : 판교 노인복지관 3층 시사회 실

참가자 : 여행 참가자 그외 직계가족

지참물 : 유쾌한 이야기담긴 보따리

여행 다녀온 지 일주일 경과되었을 즈음 시사회라는 이름으로 모이는 시간을 가졌습니다. 이름만 거창하였지 별다른 행사가 있는 것도 아니었지요. 진행은 허접하지만 담겨진 숨은 뜻은 기대 이상의 결과를 가져올 때도 있었습니다. 『열하일기』라는 여행 중 연장선상에서 행하는 모임으로 진행하여 자전거만 타고 있지 않다는 것뿐이지 여행의 본 모습 그대로 이루어졌습니다. 여행의 끝 마무리가 좋아야 한다는 뜻이 담긴 모임의 숨은 화두는 다음(Again) 모임이라는 뜻이 담긴 또 다른 『열하일기』를 잉태하기 위함이었습니다.

식사도 도시락으로 여행 다닐 때처럼 복지관의 구내식당에서 해결했습니다. 처음에는 성남 아트홀의 영상실에서 개최하려고 하였으나 각 처에서 모이는 관계로 대중교통 이용도 불편하였고 식당 이용이 거리가 있어 불편하여 행사장에서 바로 식사할 수 있는 이곳으로 정했습니다. 복지관으로 장소를 정하고 보니 시행착오였다는 것을 금방 알게 되었습니다. 일부 계층은 노인 복지관이라는 이름 때문에 거부감을 느낄수 있는 곳이라는 것을 늦게야 알게 되었습니다. 여행했던 사람들의 연령대를 생각해서 장소를 신중히 정해야 했음을 이번에 깨닫게 되었습니다.

복지관의 여러 가지 혜택 중에 영상제작팀이 동원되어 진행 과정의 촬영도 있었고 인터뷰한 영상제작도 겸했습니다. 저는 여러 번에 걸쳐 여행의 끝 마무리를 시사회라는 모임으로 마감 하였습니다. 장소는 주로 학교 전시실이나 도서관을 이용하고 경우에 따라서 아트센터와 같은 영상 전용관에서 진행했습니다.

시사회란 사진을 본다는 의미가 있지만 실체적인 얼굴을 본다는 의미가 큽니다. 여행 중에 못다한 이야기라든가 여행 중에는 모르고 지나갔는데 끝나고 다시 음미하는 과정에서 그때의 생생했던 느낌을 자기 나름대로 소감을 나누며 또 다른 더 깊은 여행의 잔영을 가미시키는 효과를 가진다는 뜻입니다.

저는 아쉬웠던 순간이라든가 좀 지나쳤다는 서슴 없는 이야기를 들을수 있는 기회로 알고 앞으로 다음에 행해지는 여행에 지침으로 삼고 여행이라는 인연으로 또 다른 어떤 상황에서 그 인연이 이어지기를 바라는 마음이었습니다.

용진님의 발상으로 여행 참가자 전원에게 완주 패를 만들어 증정하는 과정도 있었으며 『열하일기』에 대한 용진님의 자작시 낭송하는 시간도 가졌습니다.

열하일기

- 김완기 작

열하여 더운 심장을 가진 강물이여
연암 그대가 열었던 열기가 남아 있는 그 강을
우리 아홉은 한 달 동안 달리고 또 달렸소

두 다리와 두 바퀴로 끝을 알 수 없는 길 위에서
세상을 마주하며 숱한 사람들과 마주하며
240년 전의 흔적을 찾아 달리고 달렸소.

오늘 그때의 열기가 식지 않았던 길 위을
그대가 남겨 놓았던 숨결을 찾아서
그때의 보람을 한 자락 안고 돌아왔소.